초보자를 위한 필독 입문서

처음
만난

양봉의
세계

ⓒ 2017

Franckh-Kosmos Verlags-GbmH & Co, KG, Stuttgart, Germany
Original title: Pohl, 1×1 des Imkerns
Korean language edition arranged through Icarias Agency, Seoul
Korean Translation Copyright ⓒ 2020 Book's Hill Publishers
Arranged through Icarias Agency, Seoul

이 책의 한국어판 저작권은 Icarias Agency를 통해
Franckh-Kosmos Verlags-GbmH & Co, KG와 독점계약한 도서출판 북스힐에 있습니다.
저작권법에 의하여 한국 내에서 보호를 받는 저작물이므로 무단전재와 복제를 금합니다.

초보자를 위한 필독 입문서

처음 만난

양봉의 세계

프리드리히 폴 지음
이수영 옮김
이충훈 감수

차례

감수의 글 7
들어가는 말 10

1 꿀벌 꿀벌 사회에서의 삶
꿀벌의 생활방식, 신체 구조, 성장 기간 16
벌통에서 일어나는 일 24
꿀벌 무리의 양식 29
인간에게 유용한 꿀벌 생산물 38

2 오늘날의 양봉 자기만의 꿀벌 무리를 만들기
꿀벌 무리 구입 46
최적의 장소 50
양봉가에게 필요한 물품 60
과거와 현재의 벌통 69

3 본격적인 양봉 작업 과정 봄맞이와 겨울나기
첫 번째 자기 꿀벌   94
계절별 꿀벌 무리 보살피기   111

4 무리의 증가 분봉과 여왕벌
분봉의 모든 것   140
여왕벌에 관한 모든 것   153
핵군 내기(새 꿀벌 무리 형성)   163

5 꿀벌의 먹이 꿀 대용물
꿀벌 무리에 먹이를 주는 이유   174

6 양봉가의 수확물 꿀과 밀랍
꿀에 관한 모든 것 188
밀랍에 관한 모든 것 218

7 이동 양봉 밀원 식물이 있는 곳으로 운반하기
올바른 준비 과정 230

8 꿀벌의 건강 예방과 조치
질병 인지와 퇴치 238
바로아 응애 252
미국 부저병 273

양봉가들이 알아두면 좋은 주소록 276
참고문헌 278
찾아보기 280

감수의 글

살면서 나 혼자뿐이라고 느껴질 때, 홀로 외딴섬에 버려졌다고 느껴질 때에는 주변의 동물, 곤충 심지어 보잘것없는 야생화까지 내 친구가 되어 마음을 주고받게 된다. 꿀벌은 내가 가장 어렵고 힘든 시기에 내 곁에서 마음을 위로해주는 친구였다. 트럭에 벌통을 싣고 꽃을 따라 전국 방방곡곡을 전전하면서 고생할 때에도 꿀벌은 묵묵히 자기 일을 하면서 내 곁을 지켜주었다. 오랜 시간 동안 꿀벌과 지내면서 나름대로 꿀벌에게서 배운 꿀벌 사회의 생태와 이들의 협동심 및 이타심을 이야기하고자 한다.

꿀벌은 철저히 계급 사회로 이루어졌다고 생각하기 쉽지만 이건 오해이다. 꿀벌의 세계를 이해하면 오히려 철저한 평등 사회와 균형 잡힌 시민 사회라는 점을 알고 놀라게 된다. 꿀벌 사회는 단 한 마리의 생산 기능을 갖는 여왕벌과 소수의 수벌, 생산 기능을 잃어버린 다수의 암놈인 일벌로 구성된다. 실제적인 꿀벌 사회의 주인인 일벌들은 태어나면서 육아를 담당하고, 시간이 지나 육아를 담당하는 분비샘이 퇴화하면 벌집 건축사의 역할을 맡는다. 배 아래 부분에서 분비되는 밀랍을 이용하여 암흑 같은 벌집 안에서 서로 협력하여 질서정연한 육각형이 이어진 벌집을 한 치의 어긋남 없이 짓는다. 밀랍 분비샘이 퇴화되어 더 이상 집을 지을 수 없게 되면 외역 즉, 외부에서 꿀과 꽃가루를 가져와 식구들에게 제공하는 역할을 한다. 식구가 늘어나서 집이 비좁아지면 식구의 일부가 분가를 하게 되는데 이를 분봉이라고 한다. 어미인 기존의 여왕벌은 혹시 모를 상황에 대비하여 여왕벌 여러 마리를 만들어 놓고 집을 나가게 되는데 이게 비극을 초래하게 된다. 거의 동시에 태어난 여왕벌들은 왕권을 차지하기 위해 결투를 하는데, 이때 주위의 일벌들은 이 결투에 절대 참여하지 않고 최종 승자가 결정될 때까지 기다린다.

분가(분봉)와 월동 준비, 이사 등의 모든 행동들은 모두 일벌들이 결정한다. 집이 비좁아져서 새로운 집을 찾아 나설 때, 새로운 여왕벌이 필요할 때, 외부에서 식량이 많이 유입되어 식구를 늘려야 할 때, 외부의 날씨가 추워져 더 이상 식량이 유입되지 않아서 번식을 중단해야 할 때 등 일련의 모든 일들은 여왕벌이 아니라 일벌들이 조절하고 결정한다. 분가할 때 여왕벌을 육성하기 위해서 여왕벌이 여왕벌집에 알을 낳게 하거나 새로운 식구를 늘리기 위해서 여왕벌이 일벌 알을 많이 낳게 하는 일들은 일벌들이 여왕벌에게 로열젤리를 주고 산란하게 하여 이루어진다. 이 과정에서 벌들은 페로몬이라는 신비한 물질을 분비하여 서로 의사소통한다. 여왕벌은 근친결혼 등의 폐해를 방지하고 잡종 강세의 이점을 이용하기 위해서 공중에서 결혼한다. 귀소를 하면서 집을 잘못 찾아가면 일벌들이 여왕벌을 공격하여 공살하기도 한다. 여왕벌에게는 무소불위(無所不爲)의 가공할 만한 벌침을 가지고 있지만 일벌들에게 죽임을 당하면서도 절대로 사용하는 법이 없다. 오직 여왕벌들의 전투에서만 이 벌침을 사용한다.

　일벌들은 육아, 건축, 외역을 하면서 겨우 40여 일 정도를 살지만 자기의 보금자리를 위해서 최선을 다한다. 수명을 다해서 죽음을 맞이할 때에도 벌통 안에서 죽지 않는다. 마지막까지 힘을 다하여 벌통 밖으로 멀리 빠져나와 죽는다. 사체 때문에 병이 퍼지는 불상사를 본능적으로 막기 위해서이리라. 움직임이 거의 없는 겨울에는 180일 정도를 살지만 긴 기간 동안 벌통 안에 갇혀 있어도 그곳에서 배설하는 법이 없다. 6개월의 긴 시간을 참고 견뎠다가 날이 풀리는 봄날에 외출하여 한꺼번에 배변을 하는 영리한 곤충이다.

　현재 우리나라의 양봉 농가는 다른 나라들과의 경쟁력에서 밀려 사멸할 위기에 처해있다. 꿀벌은 꽃가루를 수정시켜 전 세계 식량수확물의 70% 정도를 담당한다. 꿀벌이 꽃가루를 수정시키는 일의 가치는 세계적으로는 370조 원, 우리나라의 경우는 과수 채소류만 계산해도 약 6조 원 이상이라는 분석이 있다. 하지만 양봉 농가의 경쟁력을 높이기 위한 국가의 지원책은 전무하다. 벌꿀 수확량이 적은 것보다 식물의 수정을 도와줄 벌이 우리 주위에서 사라질 위기에 처해 있다는 사실이 더 큰 문제다. 국가의 양봉 지원책이 절실한 시점이다.

때마침 독일의 양봉 책을 북스힐에서 번역하여 출판한다는 소식을 접하고 흔쾌히 감수를 수락했고 여러 번 원고를 교정하였다. 독일은 양봉에서도 선진국다운 면모를 보여준다. 체계적인 양봉 관리와 양봉산물의 양심적인 거래 방식 등 본받아야 할 내용이 너무 많다. 《처음 만난 양봉의 세계》는 직접 양봉을 하고 독일의 브레멘 동물 보호 및 관리 관청에서 근무한 저자의 경험을 바탕으로 기술한 책으로 도시 양봉과 취미 양봉에 관심이 있는 우리나라의 독자들에게도 매우 유용한 안내서가 될 수 있을 것이다. 벌통의 구입에서부터 질병의 관리까지 자세하게 다루었고 한국과 독일의 양봉 환경이 조금 다른 부분은 각주를 달아 비교하여 설명하였다.

취미양봉가들로부터 전문양봉가까지 일독을 권한다.

감수자 이충훈

들어가는 말

어떻게 양봉가가 될까?

양봉에 관심이 있는 사람이라면 남녀노소 누구나 양봉가가 될 수 있다. 꿀벌 무리에서 무슨 일들이 일어나는지 궁금하고, 그런 궁금증이 이 매력적인 작은 동물에게 침에 쏘일까봐 무서워하는 마음보다 강하다면 말이다.

꿀벌은 수천 마리의 무리로 그들의 삶을 독립적으로 구성한다. 양봉가는 벌통을 배치하여 주거 공간을 제공한다. 자연은 야생의 꽃으로 꿀벌들에게 양식을 제공하고, 꿀벌은 꽃꿀과 꽃가루를 모으는 과정에서 꽃의 수분을 도우며 자연에 고마움을 표시한다. 꿀벌의 이러한 수분 활동은 씨앗과 열매가 완전하게 형성되도록 촉진하며, 자연을 보존시키는 데 매우 중요하게 기여한다. 양봉가의 작업이 결코 이타적인 것은 아니다. 꿀벌이 생산하는 꿀의 일부를 수확하기 때문이다. 그러나 양봉은 가치 있으면서도 흥미진진한 여가 활동이고 자연의 리듬과 비밀을 들여다보게 해준다. 아울러 꿀벌을 보살피고 키우는 일을 하는 동안 마음의 평화와 여유를 찾을 수도 있다. 여러분도 한번 시도해보라! 다른 양봉가와 만나 대화를 하고 초보 양봉가를 위한 교육을 받는 순간, 여러분은 양봉가의 길로 들어서게 된다.

양봉을 하려면 무엇이 필요할까?

양봉을 하려면 꿀벌 무리를 배치할 수 있는 어느 정도의 공간이 필요하다. 가령 집에 딸린 정원이나 근교 텃밭 같은 곳이다. 또한 빈 벌통들과 벌집틀*을 비롯하여 각종 양봉 자재들을 보관할 작은 헛간이나 창고가 필요하다. 수확한 꿀을 뜨는 일은 부엌에서 할 수 있다.

---

* 나무로 된 네모틀, 소광이라고도 한다.

양봉가가 차분하게 벌집을 관찰하고 있는 동안 꿀벌들은 방해받지 않고 계속 일을 한다.

    양봉을 시작할 때 무엇보다 양봉 협회나 꿀벌 연구소, 또는 각 지역의 시민 대학에서 주관하는 초보 양봉가를 위한 기초 교육 과정을 이수하면 좋다.*
경험이 풍부한 양봉가를 스승으로 삼아 갖가지 조언을 듣는 것도 매우 유익하다. 그 밖에도 기회가 있을 때마다 다른 양봉가의 작업을 어깨 너머로 관찰하는 일은 항상 흥미롭다. 젊은 양봉가들은 작업 공동체를 만들어 서로의 경험을 나누며 교류하는 경우가 많다. 더 나아가 잡지와 인터넷에 실린 양봉과 관련된 글

---

* 우리나라에는 한국 양봉 협회와 한국 양봉 조합 등의 단체가 있고 이곳에서 교육이 이루어진다. 하지만 양봉 카페나 양봉 밴드 등의 커뮤니티에서 회원들이 서로 교류하며 정보를 나누는 과정이 더 활발하다.

과 유튜브에 실린 영상들을 함께 보면서 토론하기도 한다. 나는 꿀벌 무리를 돌보고 기르는 일을 좋아하고 꿀벌에 집중하여 잡다한 생각에서 벗어나는 걸 좋아한다. 이는 여유를 느끼고 느리게 사는 삶을 가능하게 한다.

노동 비용

'꿀벌과 양은 자면서도 주인을 먹여 살린다'라는 말이 있다. 물론 꿀벌의 경우에는 전적으로 맞다고 할 수는 없다. 그러나 꿀벌은 다른 모든 동물보다 자립적이고 겨울에도 많은 관심을 기울일 필요가 없어서 꿀벌을 돌보지 않고 다른 일에 신경을 쓸 수 있다. 가령 벌집을 녹이고, 벌집틀에 철사를 묶고, 벌통을 색칠하는 일들이다.

4월부터 7월 초까지는 약 7일~9일에 한 번씩 때로는 짧게, 때로는 더 길게 꿀벌 무리의 상태를 살펴본다. 그 다음에는 가끔씩 간단한 작업만 하면 된다. 그래서 비교적 길게 휴가를 다녀오더라도 사전에 필요한 조치들을 취해두거나 다른 동료 양봉가에게 도움을 요청했다면 무사히 넘길 수 있다.

여러분이 여덟 살짜리 어린이든 여든여덟 살의 노인이든 양봉은 누구에게나 큰 기쁨을 준다. 여러분이 신체적인 장애가 있거나 쉬운 방법으로 일을 하고 싶다면 보조 기구나 다른 벌통을 이용해 힘을 덜 수 있고, 벌통을 들거나 운반하는 일을 최소화할 수 있다. 물론 이와 관련된 조언도 얻게 될 것이다.

어떻게 해야 양봉가가 될 수 있을지 궁금하다면 이 책을 읽는 여러분은 이미 오래전에 그 길에 들어와 있다고 답하고 싶다.

경제적 비용

나는 내 양봉장이 경제적으로 수익성이 있는지에 대해서 한 번도 생각해본 적이 없다. 내가 꿀벌들과 보내는 시간을 돈으로 환산한다면 양봉은 분명 비용이 많이 드는 일일 것이다. 양봉으로 수확한 꿀은 가까운 친구들이나 지인들에게 판매할 수 있다. 다행히 꿀벌들은 대가 없이 무보수로 일을 한다.

양봉에 드는 비용을 계산하는 일은 그리 간단하지 않다. 기본 장비를 구입하는 데 들어가는 비용은 꿀벌 무리의 수와 벌통의 상태(새것 혹은 중고), 그리고 꿀벌을 장만하는 방법(자연에서 꿀벌 무리를 포획하여 거저 얻거나 돈을 주고 분양을 받았거나)에 따라서 편차가 심하기 때문이다. 꿀을 채취할 때 쓰는 채밀기와 밀랍을 녹이는 용랍기 등의 장비를 양봉 협회나 젊은 양봉가들의 모임에서 공용으로 사용하면 비용을 상당히 줄일 수 있다.

책을 다 읽은 뒤, 동료 양봉가들과 상의하고 양봉용품점의 목록을 살펴보면 무엇을 구입하면 좋을지 결심이 설 것이다.* 그러니 양봉 자재를 급하게 구입하지 말고 여러분의 양봉장을 정확히 어떻게 만들 것인지를 충분히 구상해야 한다. 도구와 장비가 매우 다양해서 결코 쉬운 일이 아니니 말이다!

---

* 우리나라에서는 인터넷에서 양봉원을 검색하여 양봉 물품을 구입할 수 있다. 대량으로 구매할 경우에는 수입업체를 통해 구하는 것도 한 가지 방법이다.

꿀벌

꿀벌 사회에서의 삶

1

꿀벌의 생활방식, 신체 구조, 성장 기간

꿀벌은 보통 나무의 구멍 안에서 산다. 딱따구리가 만든 비와 추위와 바람을 피할 수 있는 나무 구멍이 대표적이다. 오늘날에는 자연적인 구멍이 부족해서 대부분 양봉가들이 만든 상자 형태의 벌통 안에서 살아간다. 그곳에서 꿀벌들은 보호를 받고, 양봉가들은 한결 수월하게 작업을 한다. 밀랍으로 만들어진 벌집(소비)에는 꿀과 꽃가루 같은 먹이가 저장된다. 각각의 벌집은 육각형으로 된 수천 개의 방들로 구성되는데, 공간 활용이 아주 적절하게 된 이 방들은 더없이 견고하고 안정적이다. 꿀벌 무리는 새끼 벌들을 키우고 비축물(꿀과 꽃가루)을 저장하기 위해 벌집을 많이 만들고, 필요하면 새 벌집을 더 짓는다.

각 무리당 꿀벌의 수

꿀벌 한 무리는 계절에 따라 약 1만~5만 마리의 일벌들로 이루어진다. 겨울에 가장 적고 여름에 가장 많다.

여왕벌은 오로지 알을 낳는 일만 한다. 반면에 밀랍 생산하기와 벌집 짓

꿀벌들의 자연적 거주지는 딱따구리 구멍처럼 나무 구멍들이었다.

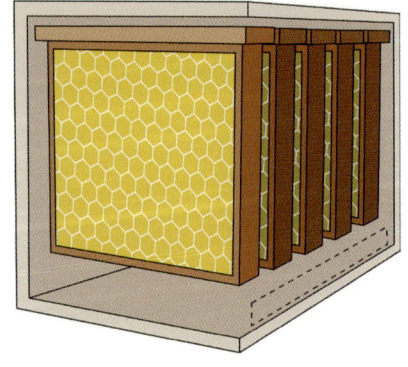

상자로 만든 벌통은 딱따구리 구멍보다 더 크고 양봉가들이 사용하기에 편리하다.

기, 새끼 키우기, 먹이 수집하기, 청소하기와 벌집 지키기와 같은 나머지 모든 활동은 일벌들이 처리한다. 일벌들은 여왕벌과 마찬가지로 암컷이지만 난소가 퇴화되어 대부분 알을 낳지 못하며,* 짝짓기하기 위해 비행하지도 않는다. 짝짓기 비행(결혼 비행)에는 꿀벌 무리의 수벌들이 봄과 여름에만 참여한다. 벌침은 오직 암벌들(여왕벌, 일벌)만 갖고 있다.

신체 구조

꿀벌은 다른 곤충들과 마찬가지로 신체 구조가 복잡하다. 여기서는 양봉가들이 숙지해야 하는 가장 중요한 점들만 항목별로 설명하고자 한다.

머리
- 두 개의 큰 겹눈과 세 개의 홑눈이 달려 있다.
- 촉각과 미각 기능, 후각 기능이 있는 두 개의 더듬이가 있고 코는 없다.
- 젖(로열젤리)과 방향 물질(페로몬)을 생산하는 인두샘과 큰턱샘이 있다.
- 관 모양으로 생긴 주둥이는 사용하지 않을 때는 머리 아래로 접혀 있다.
- 밀랍을 반죽하거나 매끈하게 다듬는 일을 하는 강력한 턱이 있다.

가슴
- 큰 날개 두 개와 작은 날개 두 개가 달려 있다. 앞날개와 뒷날개는 작은 갈고리로 하나로 연결되어 있다. 비행 속도는 시속 25 km까지에 이른다.
- 여섯 개 각각의 다리는 서로 다른 특수한 기능을 담당한다. 앞다리로는 눈과 더듬이를 청소하고, 뒷다리에는 꽃가루 압착기와 꽃가루 통이 있다.

---

* 간혹 여왕벌이 없어지면 난소가 다시 발육하여 알을 낳게 되는 일벌이 있는데, 이를 '산란성 일벌'이라고 한다.

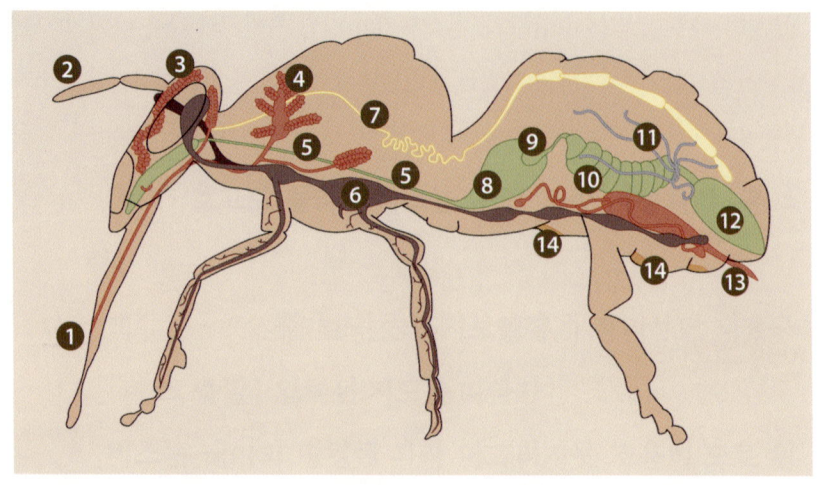

❶ 주둥이　　❹ 가슴 침샘　　❼ 심장관　　❿ 장　　⓭ 침
❷ 더듬이　　❺ 식도　　　　❽ 꿀주머니　⓫ 신장관　⓮ 밀랍샘
❸ 젖샘　　　❻ 신경계　　　❾ 꿀 잠금장치　⓬ 배설물주머니

배

- 수집한 꿀을 저장하는 별도의 꿀주머니가 있다. 꿀이 장의 다른 내용물과 분리되어 운반되도록 잠금장치가 달려 있다.
- 독을 분비하는 독샘이 딸린 침 기관이 있다. 꿀벌의 침은 갈고리 모양이라서 탄력성 있는 피부에 박히면 빠지지 않는다. 침 기관 전체가 꿀벌의 몸에서 뜯겨 나간다(수벌은 침이 없다).
- 밀랍 가루(벌집을 짓는 재료)를 생산하는 밀랍샘이 있다.
- 방향 물질을 분비하는 샘이 있다.

기타 기관

- 허파가 없어서 나뭇가지처럼 몸 전체에 뻗어 있는 기관(氣管) 체계를 통해서 호흡한다.

- 개방혈관계*로 이루어졌고, 혈관이 없다.
- 사다리꼴 신경계**가 있다.
- 신장 역할을 하는 말피기관***이 있다.

꿀벌의 세 종류

여왕벌이 일벌 방에 수정된 알을 낳으면 그곳에서 일벌이 성장한다.

반면에 일벌 방보다 큰 도토리 모양의 여왕벌 방(왕대)에 수정된 알을 낳으면 그곳에서 여왕벌이 성장한다. 일벌들이 여왕벌의 애벌레에게 왕벌젖, 또는 왕유라고 부르는 로열젤리를 제공해서 키우기 때문이다. 왕유를 공급하고 집중적으로 보살피면 여왕벌의 전형적인 특징들이 형성된다. 여왕벌이 수정되지 않은 알을 낳으면 수벌이 태어난다.

그렇다면 여왕벌은 자기가 수정된 알이나 수정되지 않은 알을 낳아야 한다는 것을 어떻게 알까? 하나의 방에 알을 낳기 전 여왕벌은 그 방의 청결 상태를 검사하고 앞다리로 방의 지름을 측정한다. 일벌 방의 지름은 5.3 mm로 지름 6.9 mm인 수벌 방보다 작다. 여왕벌은 일벌 방에 알을 낳을 때 정낭에 보관하고 있는 정자를 내보내고(수정란), 수벌 방에 알을 낳을 때는 내보내지 않는다(미수정란).

만일 어떤 일벌 한 마리가 알을 낳는다면 다른 일벌들이 그 사실을 곧바로 알아차리고 먹어치운다. 그렇지 않으면 수정되지 않은 이 알들에서 자동적으로 수벌들이 태어날 것이다. 오직 여왕벌만이 짝짓기 비행을 하기 때문에 수정

---

* 심장에서 나온 피가 혈관을 거치지 않고 바로 근육 조직 속으로 들어갔다가 심장으로 되돌아가는 순환계이다.
** 몸의 앞뒤에 있는 한 쌍의 신경절이 사다리 모양으로 연결되어 있다.
*** 배설 기관으로 이탈리아 해부학자 말피기가 발견한 가늘고 긴 관(管)이다.

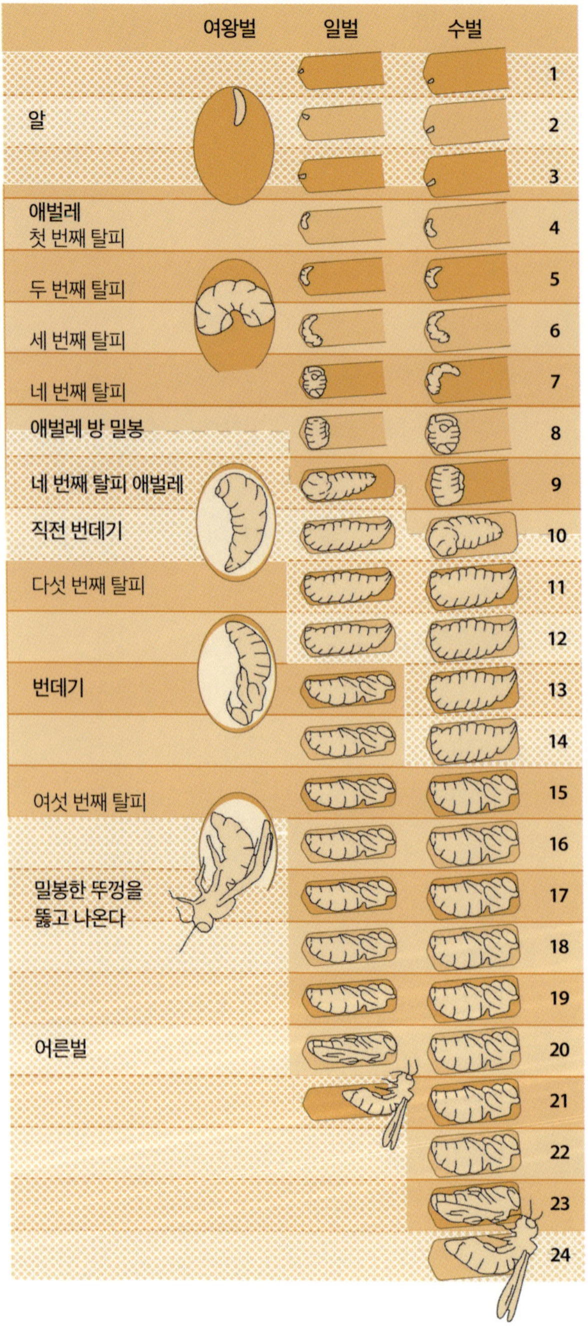

	여왕벌	일벌	수벌	
알				1
				2
				3
애벌레 첫 번째 탈피				4
두 번째 탈피				5
세 번째 탈피				6
네 번째 탈피				7
애벌레 방 밀봉				8
네 번째 탈피 애벌레				9
직전 번데기				10
다섯 번째 탈피				11
				12
번데기				13
				14
여섯 번째 탈피				15
				16
밀봉한 뚜껑을 뚫고 나온다				17
				18
				19
어른벌				20
				21
				22
				23
				24

여왕벌·일벌·수벌의 성장 비교

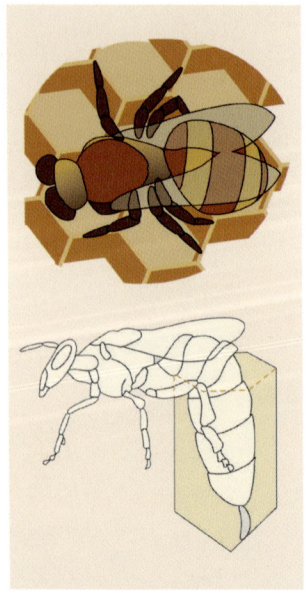

위에서 본 여왕벌이 알을 낳는 모습(위), 단면으로 묘사된 모습(아래)

된 알을 낳을 수 있다.

성장 기간

여왕벌이 알에서 어른벌이 되기까지 16일이 걸리고, 일벌은 21일, 수벌은 24일이 소요된다. 모든 꿀벌은 성장하는 동안 차례로 알, 애벌레, 번데기, 어른벌에 이르는 네 단계를 거친다. 이때 변태하여 모습은 완전히 달라진다. 길쭉한 알은 무게가 겨우 0.12 mg 정도이고, 다 자라서 빠져나온 어른벌은 100 mg으로 천 배 정도 무겁다.

여왕벌이 일벌(시녀벌)들에게 둘러싸여 있다. 여왕벌은 일벌들에 비해서 몸길이가 길고 몸집도 크며 꽁무니가 뾰족하다.

수벌은 큰 겹눈과 둥근 꽁무니가 있다.

일벌들이 꿀을 빨아먹고 있다. 언뜻 보면 모두 똑같은 모습이다.

여왕벌·일벌·수벌 비교

	여왕벌	일벌	수벌
성별	암컷	암컷	수컷
성장 기간	16일	21일	24일
과제	• 알 낳기	• 청소 • 육아 • 밀랍 생산과 가공 • 먹이 수집 • 방어	• 처녀 여왕벌들과의 짝 짓기
수명	4~5년	여름: 2~4주 겨울: 6개월 봄·가을: 4~5주	
무리당 개체 수	오직 한 마리	여름: 약 3만~5만 마리 겨울: 약 8천~1만 마리	여름: 약 2천 마리 겨울: 전혀 없거나 극소수
신체 구조상 특별한 점			
난소	완전히 발달	퇴화	없다.
밀랍샘	생기지 않음	특정 나이 이후에, 그리고 분봉 이후에 기능 수행(먹이의 공급에도 좌우됨)	없다.
침	기능 수행	기능 수행	없다.
생식 기관	완전히 발달	퇴화	완전히 발달
	좌우 한 쌍의 난소와 난관, 정낭(짝짓기 후에만 채워짐), 질로 이루어졌다. 난소는 알로 채워져 있고 수백 개의 난소소관을 갖고 있다.		한 쌍의 고환, 정관, 교미관으로 이루어졌다.

일벌들이 벌집에 앉아 있고, 벌집틀은 밀랍과 프로폴리스로 덮여 있다.

벌통에서 일어나는 일

유리판이 달린 관찰 벌통으로 꿀벌들을 개별적으로 관찰한 결과, 일벌들의 활동이 나이에 따라 순서대로 이어진다는 사실이 확인되었다. 하지만 최근의 연구 결과들을 보면 일벌들은 경직된 체계를 따르며 분업하지는 않는다. 무리의 생활방식과 필요에 따라서 일반적으로 젊은 일벌들이 주로 수행하는 일을 늙은 일벌도 할 수 있다. 예를 들면 애벌레 돌보기나 벌집 짓기 등의 일이다.

벌집 짓기

벌집은 일벌들이 밀랍샘에서 생산하는 밀랍으로 만들어진다. 일벌은 밀랍샘에서 밀랍 액을 조금씩 짜낸 다음 공기 중에서 작은 비늘 조각으로 굳힌다. 주둥이로 이 조각들을 모양내고 침과 섞어서 벌집을 짓는 데 사용한다. 꿀벌은 초봄에서 여름까지만 벌집을 짓고 추운 계절에는 짓지 않는다. 벌집을 짓는 활동에서 충분한 먹이(꽃꿀이나 꿀)를 공급하는 것은 중요한 전제조건이다. 꿀벌은 대부분 위에서 아래로 집을 짓고 일벌들이 발판 역할을 하며 집을 짓는 꿀벌을 도와준다. 벌통 안의 틈을 메울 때에는 나무나 식물들의 진액에 밀랍과 침 등을 섞어서 만든 프로폴리스를 사용한다. 꿀벌은 아교처럼 끈적거리는 이 물질로 벌집 내부와 양봉 상자의 부분들을 얇게 발라 내용물을 소독한다.

작업 조절

꿀벌의 많은 작업 과정은 호르몬으로 조절된다. 여왕벌과 짝짓기하는 수벌들의 수는 6~12마리로 많다. 따라서 그 사이에서 태어난 일벌들은 유전적으로 차

일벌들은 토대가 전혀 없더라도 빈 나무틀 안에 벌집을 짓는다.

나이에 따른 일벌들의 전형적 활동

생물학자이자 양봉가인 토머스 실리(Thomas Seeley)의 저서 『벌집의 지혜: 꿀벌 무리의 사회 심리학』(1995)에 따른 분류이다.

1일에서 3일째
- 휴식을 취한다(전체 시간의 약 20%).
- 일을 찾기 위해서 벌집을 돌아다닌다(전체 시간의 약 20%).
- 젖샘을 활성화하기 위해서 꽃가루를 섭취한다.

3일에서 12일째
- 젖샘에서 젖을 만들고 애벌레에게 먹이는 유모 활동을 한다.
- 여러 일벌이 작은 무리를 지어 여왕벌을 돌본다.
- 애벌레방의 뚜껑을 덮는다.
- 벌집을 청소하고 다른 일벌들과 수벌들에게 먹이를 준다.

12일째부터
- 벌집으로 돌아오는 수집벌들에게 꽃꿀을 받는다. 젖샘에서 생산하는 효소를 이용해 꽃꿀을 꿀로 바꾼다.
- 벌통을 환기시키기 위해 날갯짓하여 바람을 일으킨다.
- 벌집을 청소하고 다른 일벌들과 수벌들에게 먹이를 준다.
- 벌통 입구를 감독한다(보초벌).
- 벌집 각 방에 있는 꽃가루를 다진다.
- 밀랍을 분비해 벌집을 짓는 데 사용한다.

20일째부터
- 수집 비행에 나선다(꽃꿀과 꽃가루를 수집하고 드물게 물이나 프로폴리스도 수집한다).
- 벌집으로 돌아와서 꽃꿀(또는 물)을 더 어린 내역벌에게 주거나 꽃가루를 직접 벌집 방에다 털어낸다. 내역벌들은 수집벌이 수집한 프로폴리스를 수집벌의 뒷다리에서 뜯어내거나 핥아낸다.

이가 있을 뿐만 아니라 하는 일도 다르다.* 먹이 수집 활동은 외부 온도나 바람처럼 외적인 조건들과 벌집 속 빈 방들처럼 저장 공간에 의해서도 좌우된다. 저장 공간이 부족하면 벌통 안에서 일하는 내역벌은 집으로 돌아오는 수집벌에게 먹이를 건네받을 수가 없다. 결국 수집벌은 먹이를 구하러 다시 날아나가지 못하고 벌집이 새로 지어질 때까지 기다려야 한다. 이처럼 꿀벌들의 다양한 활동은 매우 복잡한 맥락 속에서 이루어진다.

일벌의 수명

수명이 짧은 여름벌(2~3주, 드물게 4주)과 수명이 긴 겨울벌(6개월)의 겉모습은 완전히 똑같다. 하지만 수명에서 차이가 나는데, 주된 이유는 겨울벌들이 유모 활동을 전혀 하지 않기 때문이다. 봄과 여름에 알과 애벌레가 없는 무리에서는 유모벌이 전혀 필요하지 않다. 따라서 이 벌들은 수명이 길다. 꿀벌 무리의 존속은 이런 식으로 보장된다.

꿀벌의 의사소통

꿀벌들이 만들어내는 복잡한 사회에서 각 구성원들은 서로 소통하는 능력이 필요하다. 꿀벌들은 진화 과정을 거치며 소통하기 위해 다양한 체계를 발전시켜 왔다.

1. 여왕벌은 무리 내에 자신의 존재를 알리기 위해서 방향 물질을 분비한다. 방향 물질을 분비하여 다른 일벌들이 알을 생산하지 못하게 한다.

---

*   온전한 자매 일벌(아버지가 같은 일벌), 반자매 일벌(아버지가 다른 일벌)이 서로 섞여 유전적으로 조금씩 다른 특징을 보일 수 있다.

2. 일벌들은 벌집 위에서 방향 물질로 춤 영역을 표시한다. 특히 위험이 발생했을 경우에 착륙판 위에서 향기를 퍼뜨린다(경고 페르몬).
3. 음파로 진동을 일으키거나 벌집을 진동시킨다. 어린 여왕벌은 왕대라는 여왕벌 방에서 빠져나온 뒤 특유의 진동 소리를 내서 자신이 벌통에 나타났다는 사실을 알린다. 다른 방에 있는 여왕벌들은 비슷한 소리로 대답한다. 꿀벌들은 벌집의 방들이나 벌집과 접촉하는 몸의 움직임으로 진동을 만들어낸다. 소리를 듣는 것이 아니라 진동을 감지하여 소통한다.
4. 아래 그림에 제시된 춤 동작, 즉 8자를 만드는 꼬리춤은 벌통을 기준으로 방향과 거리를 제시하여 먹이가 있는 곳과 태양의 위치를 나타낸다. 춤을 추는 일벌은 벌집 위에서 춤의 동작과 속도에 변화를 줄 수 있다. 반면에 원 모양을 그리는 원무는 방향을 제시하지 않고 벌통에서 약 100 m 이내에 맛있는 먹이가 있다는 사실만 나타낸다.

벌통 안은 컴컴해서 벌들은 방향 물질과 직접적인 신체 접촉, 진동을 통해서 소통한다. 유리판이 달린 진열 상자에서 꼬리춤을 잘 관찰할 수 있다. 벌집 짓기를 감독할 때는 벌집이 수평으로 유지될 때까지 계속 춤을 춘다.

꿀벌의 춤 동작은 먹이가 있는 곳에 대한 정확한 정보를 담고 있다.

벌집의 꿀을 저장하는 꿀방들이 신선한 꿀로 채워졌다. 이 방들은 나중에 밀랍 뚜껑으로 덮인다.

꿀벌 무리의 양식

꿀벌은 필요한 양식을 충당하기 위해서 당분을 함유한 꽃꿀을 주로 모으지만, 간혹 꿀로 만들어지는 감로*, 그리고 단백질이 풍부한 꽃가루를 수집한다. 이런 물질은 모두 식물에서 얻는다.

꿀

꿀은 꿀벌에게 에너지(과당, 포도당)를 공급하는 주요 양식이다. 동시에 인간

---

* 진딧물 등 여러 곤충이 식물의 진액을 빨아들이고 나서 분비하는 당분이 풍부하고 끈적거리는 액체이다.

29

에게는 영양가 높고 맛 좋은 식품이기도 하다. 보통 봄과 여름에 수집된 꿀은 꿀벌 무리의 에너지 수요량보다 많아서 벌집에 비축된 채로 남아 있다. 꿀벌 무리는 날씨가 나빠서 꿀을 못 모으는 시기와 겨울에 이 비축된 꿀을 먹는다.

꿀의 성분

- 수분: 15~20%
- 과당: 38%
- 포도당: 31%
- 다당류: 5~15%
- 기타 함유물(효소, 비타민, 미네랄, 억제제): 3%

표기된 수치는 평균적인 수치이며 꿀의 종류에 따라 편차가 있다. 완숙되지 않은 꿀은 처음에는 훨씬 많은 양의 물을 함유하고 있다.

꿀 생성 과정

1. 꿀을 수집하러 나가는 꿀벌은 꽃이나 식물의 꿀샘에서 꽃꿀을 빨아들인다(a). 꽃꿀 이외에 식물의 즙을 빨아먹는 깍지벌레와 진딧물과 같은 곤충이 만드는 감로도 수집한다. 감로 분비 곤충들은 당분이 풍부한 식물의 즙(체관부의 즙)을 빨아먹는데, 그중 극히 일부만 사용하고 나머지는 그대로 배출한다. 따라서 이들의 배설물에 식물성 당이 상당히 많이 남아 있고, 꿀벌은 이러한 감로를 수집한다(b).

2. 수집 물질(꽃꿀과 감로)은 식도를 거쳐 꿀주머니에 도달하고, 벌통으로 돌아갈 때까지 그곳에 저장된다. 꿀주머니와 위장 기관 사이에는 잠금장치가 있어서 수집 물질과 몸에서 만들어지는 소화 산물이 서로 섞이지 않도록 해준다. 꿀벌이 그 잠금장치를 능동적으로 열어야 수집한 물질을 토해낼 수 있다. 젖샘과 큰턱샘에서 나오는 효소가 풍부한 분비물이 후에 첨

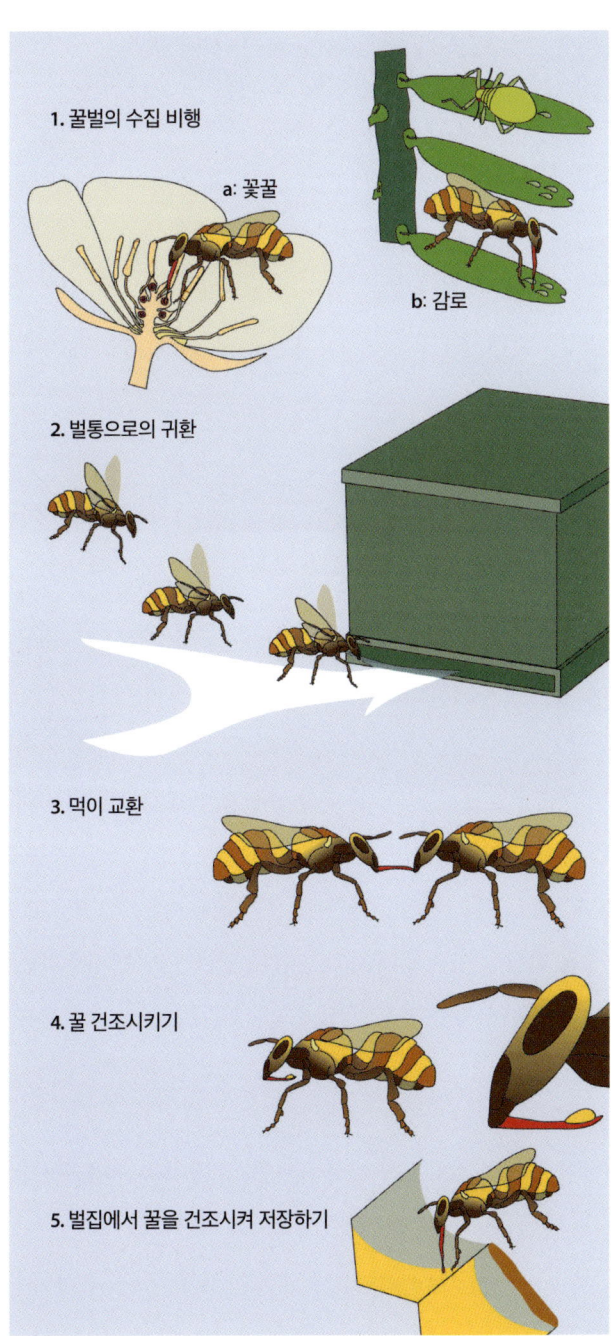

꿀 생성 과정

수집벌들이 꽉 찬 꽃가루 뭉치를 달고 벌통문(소문)을 통해 안으로 들어온다.

가되어 꿀이 만들어진다. 효소는 다당류를 소화하기 쉬운 단당류로 분해한다.

3. 수집벌은 벌통으로 돌아온 뒤 수집 물질을 토해서 내역벌에게 전달하고, 내역벌은 그 먹이를 넘겨받아 다시 가공한다.

4. 꿀벌은 수집 물질을 재가공하는데, 꿀의 부패(발효)를 막으려면 수집 물질의 수분 함량을 낮춰야 하기 때문이다. 날갯짓하여 꿀에 바람을 쏘여 말리는 방법으로 수분은 감소된다. 주둥이의 꿀방울을 벌통의 따뜻하고 건조한 바람에 맡기는 것이다. 이 과정이 진행되는 동안 꿀에는 계속 꿀벌의 분비물이 첨가된다.*

5. 다음 작업 단계에서는 꿀이 빈 방에 채워져 꿀방들이 널찍한 표면을 형성

---

* 효소가 다당류를 단당류로 분해하는 과정은 가수분해 과정이므로 꿀에 함유된 물이 소모되어 꿀은 더욱더 진해진다.

하게 된다. 꿀벌은 벌집 위와 벌통 입구에서 부지런히 날갯짓을 해서 수분을 함유한 공기를 밖으로 내보낸다. 드디어 꿀이 저장 가능한 상태가 되면 각 방들을 밀랍 뚜껑으로 덮는다. 이는 곧 꿀을 수확할 때가 되었다는 신호이다.

꽃가루

꽃가루를 전문적으로 모으는 수집벌들이 꽃을 피우는 식물들을 통해 꽃가루를 얻는다. 이 과정에서 꿀벌은 식물의 수정을 도와 식물이 씨와 열매를 맺어 번식하게 한다. 동시에 꽃가루에서 단백질 30%, 지방 5%, 탄수화물과 미네랄, 미량 요소 약 40%를 함유한 영양소를 얻는다.

꽃가루 알맹이는 약 20~50 μm 정도의 크기로 아주 작고 식물의 종류에 따라서 전형적인 형태도 다르다. 꿀도 꽃가루를 포함하고 있으며, 이 꽃가루는 꽃꿀과 꿀의 근원 식물이 무엇인지 알려준다.

꽃가루 수집

꿀벌이 꽃을 찾아가면 꿀벌의 털에 꽃가루가 묻는다. 꽃에서 꽃으로 날아다니는 동안 꽃가루는 꽃꿀과 침이 묻어 축축해지고 벌의 앞다리와 중간다리를 거쳐 뒷다리 쪽으로 운반된다. 꿀벌은 뒷다리에 난 솔 모양의 뻣뻣한 털(꽃가루솔)로 솔질하여 몸에 묻은 꽃가루를 털어낼 수 있다. 그래서 꽃가루를 모으는 꿀벌이 노란 가루를 뿌리는 것처럼 보일 때도 있다.

꽃가루 수집이 끝나면 꿀벌의 각 뒷다리에는 작은 꽃가루 뭉치가 만들어지는데, 이 뭉치는 다리와 털을 이용해서 안정적으로 지탱된다(꽃가루 주머니). 이 꽃가루 뭉치 한 쌍의 무게는 약 20 mg이다. 꿀벌 한 무리가 애벌레를 키

꽃가루와 꽃꿀을 수집하려면 능숙한 솜씨가 필요하고, 일벌들은 그 능력을 키워야 한다.

우고 다 자란 꿀벌들에게 단백질을 공급하려면 매년 약 20~60 kg의 꽃가루가 필요하다.

    꽃가루 수집벌들이 꽃가루를 직접 벌집의 봉아권* 주변과 벌집 바깥쪽 영역에 있는 꽃가루방들로 가져온다. 그러면 젊은 일벌들이 꽃가루방에 있는 꽃가루들을 단단하게 다진다. 젊은 내역벌(유모벌)들은 꽃가루를 먹고 싶을 때 이 꽃가루방에 있는 것을 먹는다. 꿀벌들은 꽃가루를 더 효과적으로 저장하기 위해서 늦여름에 꽃가루방을 꿀로 덮는다. 이를 '꿀벌빵'이라고 부르기도 한다.

---

*   아직 어른벌이 되지 않은 알, 애벌레, 번데기 단계에 있는 새끼 벌을 통틀어 봉아라고 하며, 여왕벌이 알을 낳은 뒤 일벌들이 알을 보살피며 애벌레로 키우는 공간을 봉아권, 또는 산란권이라고 한다.

꽃가루 공급

꿀벌 생태학자이자 첼레 꿀벌 연구소(Bee Institute Celle)의 연구소장인 베르너 폰 데어 오에(Werner von der Ohe)는 각 꿀벌 무리에서 꽃가루 공급에 크게 영향을 받는 꿀벌 세대들 간의 관계를 다음과 같이 묘사한다.

"유모벌이 꽃가루를 충분하게 공급받는 것만큼이나 애벌레 시기에 단백질이 풍부한 젖을 공급받는 일은 중요하다. 그래야 어른 꿀벌이 되었을 때 자기 몸의 지방 조직에 쌓인 그 비축물을 이용할 수 있기 때문이다. 따라서 애벌레 한 세대를 부양하는 일은 단순히 유모벌들의 양육(유모벌의 꽃가루 공급)에만 좌우되지 않고, 이 유모벌들의 애벌레 시기의 영양 상태와 그 이전 유모 세대의 발육 상태에 의해서도 크게 영향을 받는다. 이러한 점에서 꿀벌 무리가 지속적으로 꽃가루를 수집하는 일은 매우 중요하다는 결론이 도출된다.

꽃가루 공급은 여왕벌의 산란 양에도 결정적인 영향을 미친다. 여왕벌은 거의 전적으로 젖을 공급받는다. 꽃가루가 부족하거나 유모벌들의 젖샘이 충분히 발달하지 않아서 여왕벌이 제대로 부양받지 못하면 여왕벌의 난소가 제 기능을 못해 산란 양이 줄어들 수 있다. 꿀벌들의 양육과정에서 비슷하게나마 꽃가루를 대신할 적합한 대체물은 거의 없다. 따라서 양봉장 주변은 양봉 기간 동안 꿀벌 무리에 필요한 꽃가루를 충분히 공급할 수 있는 곳이어야 한다."

늦여름부터 봄까지 살아가는 겨울벌들은 꽃가루를 많이 섭취한다. 몸에 비축된 '겨울살'은 잘 채워진 지방 조직으로 이루어진다.

젖과 로열젤리

여왕벌, 일벌, 수벌 세 종류의 애벌레들은 모두 처음 3일 동안 전적으로 젖만 공급받는다. 여왕벌이 될 애벌레는 왕대의 뚜껑이 닫힐 때까지 애벌레 기간 내내 유모벌들이 분비하는 젖을 먹는다.

일벌들의 방은 육각형 모양이고, 여왕벌의 방은 도토리 모양이다.

유모벌들이 애벌레들을 돌보고 있다.

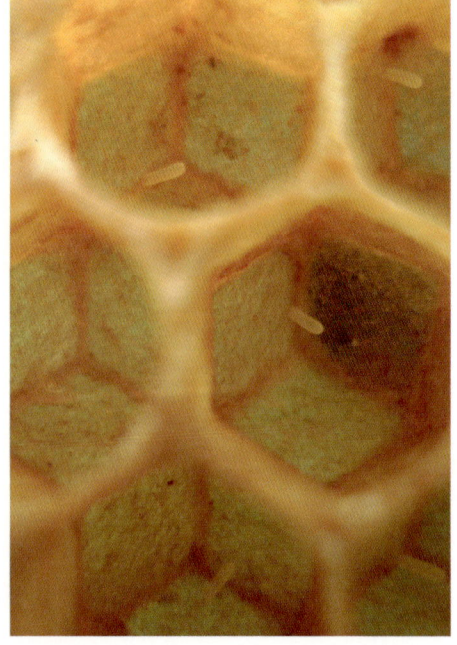

길쭉한 모양의 알이 바닥에 있다.

일벌과 수벌의 애벌레는 3일째부터 젖과 꿀, 꽃가루가 섞인 먹이로 양육되는데, 이들 방의 뚜껑이 닫힐 때까지 먹는다.

여왕벌은 꿀벌 무리에서 유일하게 어른벌이 되어서도 농축된 젖을 먹는다. 여왕벌이 먹는 젖을 왕유, 혹은 로열젤리라고 한다.

최근의 연구들에 따르면 먹이를 수집하러 나가는 일벌들도 간간이 소량의 젖을 먹는다고 한다. 비행할 때 근육을 많이 사용해서 단백질 수요량이 높아지기 때문이다. 비가 계속 내려 꽃가루가 부족해지면 일벌들은 단백질을 얻기 위해서 몇 시간 뒤에 가장 어린 알들을 먹어치운다. 몸 안에 비축된 단백질 저장량은 얼마 지나지 않아서 금방 떨어진다.

인간에게 유용한 꿀벌 생산물

꿀

꿀벌 무리에서 나온 생산물들 가운데 가장 달콤하고 맛있는 생산물은 단연 꿀이다. 많은 사람이 빵을 꿀에 찍어먹거나 꿀에 발라먹고, 음식의 단맛을 내는 데도 꿀을 사용한다. 꿀은 예로부터 민간 의학에서 내용제와 외용제로 사용되어 왔다. 이는 꿀에 효용 가치가 큰 성분들이 포함되어 있다는 점을 시사한다.

다만 당뇨병 환자는 꿀을 복용하기 전에 의사와 상의하여 적정 복용량을 정해야 한다. 제약이 따르는 경우가 많기 때문이다.

꽃가루

꽃가루 제품은 건조된 형태로 시중에서 판매되며 전문가들은 꽃가루를 건강 증진에 유익한 식품으로 분류한다. 많은 양봉가들은 꽃가루를 따로 모으는 것을 포기하는데, 이유는 채분기(꿀벌들은 벌통문 앞에 설치된 이 통에 꽃가루 뭉치를 떨어뜨린다)를 놓으면 꿀벌 무리 자체에 필요한 꽃가루의 양이 충분하지 않기 때문이다.

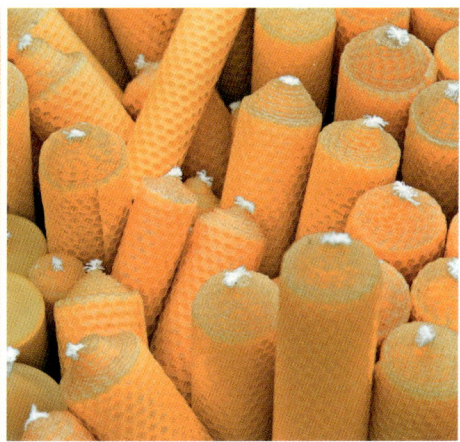

로열젤리

여왕벌이 먹는 젖, 로열젤리는 민간 의학적으로 유명하다. 추가 비용을 들이지 않고 자체적으로 얻으려면 분봉*을 억제해야 한다. 여왕벌이 될 애벌레들의 방에는 로열젤리가 들어 있어서 왕대를 뜯어내고 애벌레를 치운 뒤 꺼내 먹을 수 있다. 다수의 경험담과 책에 소개된 내용에 따르면 로열젤리는 건강에 유익하고 원기를 준다고 한다. 로열젤리는 작업 비용과 식품 위생을 고려하여 경험이 풍부한 양봉가들이 대량생산할 수 있다.

밀랍

벌집꿀을 먹을 때 함께 섭취할 수 있다. 밀랍은 천연 검과 비슷한 맛이 난다. 항균과 항염 작용이 있어서 자연 의학에서는 내용제와 외용제로 사용된다. 꿀벌의 밀랍으로 만든 초는 기분 좋은 향기 덕분에 인기가 높다. 밀랍은 벌집에서

---

* 여왕벌이 산란한 새 여왕벌이 왕대에서 나오기 전 원래의 여왕벌이 일벌의 일부와 함께 다른 곳으로 이동하는 현상을 말한다. 자연 분봉과 양봉가가 개입하는 인공 분봉이 있다.

긁어낸 뒤 녹여서 길쭉하게 만들거나 다양한 형태의 틀에 넣어 굳힐 수 있고, 벌집의 기초가 되는 밀랍판을 돌돌 말아서 만들 수도 있다. 순수한 천연 밀랍은 과거에는 매우 귀했다.

프로폴리스

꿀벌 무리에서 나오는 물질 중에서 가장 복잡한 작용물질이다. 프로폴리스는 항균 및 항염 작용 기능이 있어서 다양한 방법으로 사용된다. 주변 사람들에게 물어보면 프로폴리스를 사용해 각종 효과를 봤다는 이야기를 들을 수 있다. 모든 양봉가는 벌통 안을 깨끗하게 긁어내는 방식으로 프로폴리스를 얻을 수 있다. 그러나 '치료제'로는 판매할 수 없는데, 이는 치료 효과가 있다고 홍보하거나 의약품이라는 명칭을 사용하는 행위가 금지되어 있기 때문이다. 프로폴리스를 사용하는 사람은 매우 효과적인 이 천연 물질을 조심스럽게 다루어야 하고, 사용하기 전에 의사나 약사와 상의해야 한다. 프로폴리스를 판매하기 위해

처음 수확한 프로폴리스는 단단하고 달콤한 맛이 전혀 없다.

식물의 진액에서 수집하는 프로폴리스도 꽃가루처럼 꿀벌의 뒷다리로 운반된다.

수집벌이 프로폴리스를 모아서 벌통으로 가져온다.

서는 비용이 많이 드는 잔류물 분석이 선행되어야 한다. 반면에 프로폴리스를 목재 염료로 사용할 때는 아무런 문제가 없다. 프로폴리스 수확은 약이 잔류하지 않도록 반드시 벌 치료약품을 투입하기 전에 이루어져야 한다.

벌독

양봉가는 일을 하다보면 언젠가는 벌에 쏘이게 되어 어쩔 수 없이 벌독이 몸에 들어오게 된다. 하지만 벌독 알레르기가 없다면 벌독으로 치료 효과를 누릴 수 있다. (벌에 쏘였을 때의 행동 지침은 53~54쪽에서 다룰 것이다.) 벌독은 무엇보다 혈압과 콜레스테롤을 낮추고 류머티스 관절염에 효과가 있다고 알려져 있다. 치료사들과 의사들은 벌독을 주사제나 연고로 사용하기도 한다.

벌 치료법

벌 치료법은 꿀벌 생산물들을 이용하여 다양하게 치료하는 방법이다. 프로폴리스를 증발시켜 벌통 안의 공기를 흡입하는 것도 벌 치료법의 영역에 속한다. 벌 치료법과 관련된 주제들은 찬반 논쟁이 아주 뜨겁기 때문에 신중하게 다루어야 한다. 목의 통증을 완화하기 위해서 꿀을 먹거나 차에 타 마시는 것도 이에 속한다. 벌 치료법은 참고 서적들과 인터넷에서 수많은 정보를 얻을 수 있지만 비판적으로 받아들여야 한다.

> **꿀벌 생산물 섭취 시 주의 사항**
> - 특히 벌독, 프로폴리스, 꽃가루 알레르기 반응이 일어나지 않는지 확인해야 한다.
> - 처음에는 소량으로 시작해 서서히 양을 늘려나간다.
> - 제품은 유기산만 이용해 바로아 응애를 퇴치한 양봉장에서 생산해야 한다. 특히 프로폴리스와 밀랍에 치료 효과가 있는 작용물질이 함유되어 있으니 함께 섭취해야 한다.
> - 깨끗한 생산물만 사용해야 한다. 오염된 생산물을 사용하면 예상하지 못한 부작용이 나타날 수 있다.

오늘날의 양봉

자기만의
꿀벌 무리
만들기

2

꿀벌 무리 구입

꿀벌 무리는 애완동물 전문점이나 원예용품점에서 구입할 수 없다. 양봉에 필요한 각종 장비를 판매하는 전문 양봉용품점들이 있는데, 그곳에서 꿀벌을 구입하고 여러 가지 조언도 얻을 수 있다. 인터넷으로 구입하면 훨씬 다양한 양봉 제품을 선택할 수 있지만, 꿀벌에 관한 실제적인 조언과 도움을 얻기는 어렵다.*

양봉 협회와 조합

양봉의 이론과 실제를 배우기 위해서 양봉 교육 과정을 이수하면 좋다. 각 지역의 양봉 협회와 양봉 단체, 그리고 꿀벌 연구소에서는 초보자와 어느 정도 경험을 쌓은 양봉가를 위해 교육 프로그램을 제공하고 있다. 때로는 시민 대학이나 생태 농업 조합들과 같은 기관들과 연계된 교육 프로그램도 개설된다. 또한 도시 양봉이 늘어나는 추세에 따라 '대안 벌통'을 가르치는 과정도 있다. 많은 곳에서 교육 과정에 참여하는 사람들로 만원사례를 이루거나 대기자 명단에 이름을 올리는 경우도 있다. 양봉 교육 과정을 이수하면 꿀벌 무리를 판매하는 양봉가들과 접촉할 기회를 만들 수 있다.**

양봉가

많은 양봉가들이 자신의 양봉장에 필요한 것보다 더 많은 꿀벌을 키워서 봄과

---

* 우리나라에서는 대부분 꿀벌을 개인적으로 거래한다. 성수기에 한국 양봉 협회의 홈페이지를 방문하면 게시판을 통해 거래가 이루어지는 현장을 볼 수 있다.
** 국내에서는 한국 양봉 협회와 많은 양봉 관련 인터넷 카페 및 밴드 등에서 다양한 정보를 얻을 수 있다.

여름에 판매한다. 또한 이 꿀벌들의 특징에 대한 중요한 조언과 정보 이외에도 실질적인 도움을 제공해 준다. 지역 양봉 협회들의 주소는 양봉 단체나 양봉용품점에서 확인할 수 있다. 그리고 영리를 꾀하는 양봉가와 전문 양봉장을 운영하는 사람에게 여왕벌들과 인공 분봉으로 형성한 꿀벌 무리를 구입할 수 있다. 관련 정보는 양봉 전문 잡지와 인터넷, 지역 양봉 협회를 참고하면 된다.

분봉한 벌떼 포획

분봉해서 떼를 이룬 벌들이 출몰하면 대부분 소방대원이 직접 포획하기보다는 양봉가가 처리한다. 경찰서과 소방서에 분봉한 벌떼를 포획하는 양봉가들의 주소 목록이 비치되어 있다.

여러분이 양봉을 시작한다면 포획자로 미리 등록(경험이 풍부한 조력자

경험 많은 양봉가가 옆에서 도와주면 초보자는 마음이 놓인다.

분봉한 꿀벌 무리는 새 거처를 찾을 때까지 몇 시간에서 며칠 동안 나뭇가지에 매달린다.

를 대동하면 좋다)할 수 있고 친분이 있는 동료 양봉가에게 부탁할 수도 있다. 인터넷에서 자연적으로 분봉해 주인이 없는 벌떼를 잡아 초보 양봉가들에게 제공하는 분봉 벌 거래소도 찾을 수 있다. 꿀벌 무리는 가능한 한 그 지역의 꿀벌로 구입해야 하고 외국에서 들여온 벌들은 반드시 피해야 한다. 보통의 경우 아무도 그 벌들의 특징과 건강 상태를 모르기 때문이다. 세력이 아주 약하거나 뒤늦게 분봉한 무리는 다른 꿀벌들과 합쳐야 한다. 이런 상황을 제대로 판단하려면 경험이 풍부한 양봉가에게 조언을 받아야 한다.*

적합한 꿀벌 종

유럽에는 전적으로 서양꿀벌(*Apis mellifera*, 양봉꿀벌) 종만 있다. 독일과 오스트리아에는 카니올란(*Carniolan*) 아종이 가장 많이 퍼져 있는데 이 벌들은

---

* 국내에서는 대부분 소방대에서 처리를 하고 있는 실정이다. 우리나라는 분봉군 등의 거래 법규가 독일과는 다르다. 분봉군을 실제로 거래하게 되면 불법이니 조심해야 한다.

선별적으로 사육되어 온순하고 부지런한 특성을 띤다. 물론 여러분들이 다른 아종과 개량종을 찾을 수도 있다. 이와 관련해서 다양한 논쟁이 벌어지고 있고, 여러 꿀벌 연구소나 양봉 조합들, 또는 지역 양봉가들에게 정보를 얻을 수 있다. 기후대와 종이 다른 외국산 꿀벌을 들여오면 새로운 꿀벌 전염병이 돌 위험성이 높아지기 때문에 피해야 한다.

> **꿀벌 구입 시 필수 점검 목록***
> - 꿀벌 무리를 구입할 때, 벌들이 건강하고 미국 부저병에 걸리지 않았다는 사실을 증명하는 관청에서 발급한 건강 증명서를 달라고 요구해야 한다.
> - 판매자는 언제, 어떻게 바로아 응애 방제 조치를 취했고, 현재 바로아 응애 상태가 어느 수준인지 설명해야 한다.
> - 벌집은 여러분의 양봉장에서 사용하려는 벌집의 규격과 정확히 일치해야 한다.
> - 분봉한 꿀벌 무리만 벌집틀의 크기에 상관없이 들여놓을 수 있다.
> - 벌집 상태는 최대한 깨끗해야 한다.
> - 활기차고 계절에 맞게 성장한 꿀벌 무리여야 한다. 이와 관련해서 선배 양봉가에게 조언을 들으면 좋다.
> - 여왕벌의 나이가 몇 살인지 반드시 물어야 한다. 경우에 따라서는 특정한 색깔로 여왕벌의 나이를 표시해두기도 한다. 여왕벌은 젊을수록 좋고 두 살 이상이어서는 절대 안 된다. 귀한 품종이거나 인공수정으로 태어나 특별히 비싼 여왕벌들은 초보자가 키우기에 적합하지 않다. 처음이라 제대로 다루지 못해서 죽일 수 있기 때문이다.
> - 온순하고 벌집에 조용히 머물러 있으며 부지런한 꿀벌들을 구입하면 좋다.
> - 외국산 꿀벌은 질병 위험이 있으니 구입하지 않는다. 토종 꿀벌은 기후에 잘 적응한다.

---

* 소유자의 일방적 설명과 거래 명세서만으로 꿀벌이 거래되는 것이 국내 꿀벌 거래의 현실이다. 이를 개선해야 양봉 선진국이 될 수 있다.

유채꽃밭 옆에 배치한 이동 벌통. 바닥에 깐 나무판은 바닥의 한기와 습기로부터 벌통을 보호한다.

최적의 장소

꿀벌은 봄부터 가을까지 양식, 즉 꽃꿀과 꽃가루가 필요하다. 대부분의 도시와 여러 근교 마을들에서는 그런 양식을 구할 수 있지만, 현대적인 대규모 농업이 이루어지는 곳에서는 꿀벌 무리가 굶어죽을 수도 있다. 따라서 벌통을 배치하려는 곳에서 반경 3 km 이내 주변 지역을 세심하게 둘러보아야 한다. 또한 관련 서적들을 보면서 꿀벌에게 먹이를 공급하는 식물이 있는지도 확인해야 한다. 작은 정원들과 공동묘지, 공원, 과수원, 가로수길 등은 꿀벌이 먹이를 얻기에 좋은 환경이며 꿀을 충분하게 모을 수 있다. 농업에서 전면적인 사고 전환이 이루어지지 않는다면 농경지가 많은 시골에서는 한시적으로만 좋은 조건을 찾을 수 있다. 민들레와 토끼풀 들판, 피나무 가로수길, 과일 농장, 유채꽃 밭과 파켈리아 꽃밭, 꽃이 만발한 휴경지와 한적한 도로변 등이다. 반면에 곡식과 옥수

수가 자라는 곳은 꿀벌에게 충분한 먹이를 제공하지 못한다. 필요한 경우에는 꿀을 수집할 수 있는 곳으로 꿀벌 무리를 이동시키거나 꿀벌에게 따로 먹이를 줘야 한다. 여러분이 벌통을 놓으려는 장소의 먹이 공급 상황이 궁금하면 근처에 있는 양봉가에게 물어보자. 여러분이 키우는 꿀벌이 그가 키우는 꿀벌의 양식들을 다 먹어치우지 않는다면 그는 순순히 알려줄 것이다. 무엇보다도 전체 양봉 시기 내내 꽃을 얻을 수 있는 곳이 가장 좋다.

깨끗한 물

꿀벌은 꽃가루(단백질 섭취)와 꽃꿀 이외에도 항상 물(축축한 들판, 연못 등)에 접근할 수 있어야 한다. 특히 이른 봄에는 더욱 물이 필요하다. 꿀벌들은 근처 연못이나 부표가 놓인 빗물 저수통처럼 가능한 한 자연적인 수원지에서 물을 모을 수 있어야 한다. 볕이 잘 드는 곳에 있는 수원지는 꿀벌들이 훨씬 자주 찾는다. 꿀벌이 이웃집으로 날아든다면 이웃 간의 다툼으로 번질 수도 있다. 이런 경우에 대비하기 위해서 물이 있는 곳을 직접 마련하는 편이 좋다. 꿀벌이 폐수 처리 시설이나 거름통의 물을 마시기를 원하는 사람은 아무도 없을 것이다. 병원균에 감염될 위험이 있기 때문이다. 따라서 그런 시설로부터 최소한 500 m 이상 거리를 두어야 한다.

입지 조건

벌통은 따뜻하고 바람을 피할 수 있는 곳에 놓아야 한다. 꿀벌은 태양을 좋아한다. 아침에 벌통문으로 햇빛이 일찍 들어올수록 꿀벌들도 일찍 활동하기 시작한다. 반면에 오후에는 그늘이 지는 곳이어야 양봉가와 꿀벌을 보호한다. 축축하거나(물이 흐르는 계곡, 하천, 분지, 또는 안개가 피어오르는 곳) 바람이 많이

햇빛이 잘 들고 바람을 피할 수 있는 정원 한쪽에 놓인 벌통   발코니에서의 양봉

부는 곳은 피해야 한다. 다만 바람은 적당한 크기의 식물을 심거나 울타리를 설치해서 쉽게 막을 수 있다. 이 과정을 통해서 꿀벌을 다루는 작업이 얼마나 수월해지는지 경험하면 무척 놀랄 것이다.

고압 전선은 특별히 큰 문제를 일으키지는 않는다. 경우에 따라서 겨울철에 둥글게 떼 지어 있는 봉구*들 사이에 가벼운 동요가 일어날 수는 있다. 기차가 다니는 선로는 진동이 느껴지므로 적어도 20~30 m 정도는 떨어져 있어야 한다. 집에서 양봉을 하려면 이웃집 대지와 충분한 거리를 두어 불필요한 문제가 발생하지 않게 해야 한다. 그래야 벌통을 배치하는 것 자체를 반대하는 일이 생기지 않는다. 따라서 생울타리나 시계 보호용 울타리를 만들어 이웃집 대지

---

* 꿀벌이 월동을 할 때 체온을 유지하기 위해 서로 둥글게 모이는 것이다.

와 차단하고, 꿀벌이 적어도 1.80 m 이상의 상당한 높이에서 선회하여 날아들도록 만들어야 한다. 그러면 꿀벌이 사람들과 충돌하는 일을 막을 수 있다.

벌집과 먹이, 또는 전체 꿀벌 무리를 들여오고 내보내는 일이 가능해야 한다는 점을 명심해야 한다. 이때 차고의 지붕이나 평지붕은 방해물이 될 수 있다. 새 꿀벌 무리를 배치하거나 짝짓기와 같은 몇몇 양봉 작업을 하고자 한다면 만일의 경우에 대비하여 제2의 양봉장이 몇 주 동안 필요할 수 있다. 나는 주로 꿀벌을 좋아하는 친구들의 정원을 이용한다. 다른 양봉가들과 협력하거나 같은 양봉장에 배치하는 것도 가능하다.

여러분에게 어린 자녀가 있든 없든, 또 이웃이 꿀벌에 대한 염려를 표명했든 아니든 안전 문제를 생각하지 않을 수 없을 것이다. 그러나 벌통을 놓는다고 해서 주변 사람들이 위험에 빠질 가능성이 높아지는 것은 아니다. 오늘날의 꿀벌은 개량하여 사육한 덕분에 매우 온순하기 때문이다. 그렇지만 이웃에게 토끼풀 밭 위를 맨발로 돌아다니면 벌에 쏘일 수 있다는 점은 미리 주의시켜야 한다.

또한 호기심 많은 손님들이 꿀벌이 드나드는 문을 들여다보거나 그 앞쪽에 서 있지 않도록 주의를 줘야 한다. 여러분도 마찬가지다. 전문가의 안내에 따라 벌통을 구경하도록 해야 한다.

발코니나 옥상 테라스를 이용하려면 집주인의 동의를 받아야 한다. 초보적 실수를 하지 않고 이웃들에게 부담을 주지 않기 위해서 이런 장소는 어느 정도 경험이 있는 양봉가들에게 추천한다.

꿀벌에 쏘였을 때의 대처 방법

꿀벌에 쏘이면 따끔하고 아프다. 몇몇 신체 부위는 다른 곳들보다 더 아프다. 이때 빨리 벌침을 제거하는 일이 중요하다. 벌독은 계속 퍼지고, 여러 마디로 된 벌침은 저절로 피부 속으로 점점 파고든다. 따라서 벌침을 누르지 말고 손톱으로 옆으로 밀어내야 한다. 피부가 붉어지거나 가볍게 부어오르는 건 정상적인 신체 반응이고 시간이 지나면 자연스럽게 가라앉는다. 쏘인 부위를 차갑게 하고 붓기를 가라앉히는 연고를 바르면 도움이 된다. 증상이 심할 경우 의사나 약사에게 문의하도록 한다. 하지만 입안이나 눈에 쏘였을 때에는 구급대에 연락해 응급조치를 받아야 한다. 벌독에 알레르기 반응을 보이는 사람들은 서둘러 의사에게 진료를 받아야 한다. 특징은 땀을 흘리고, 심장 박동이 빨라지고, 혈액순환에 이상이 생기는 등 갖가지 증상을 보인다. 따라서 벌독 알레르기가 있거나 그 가능성이 있는 사람은 항상 조심해야 한다.

꿀벌에 쏘이지 않는 요령

- 꿀벌이 드나드는 문 바로 앞쪽에서 서 있지 않는다.
- 향수나 면도크림처럼 방향 물질이 포함된 제품은 꿀벌을 자극할 수 있으니 자제하여 사용한다.
- 꿀벌을 관찰하려는 사람은 침착하게 행동해야 하고 팔을 휘젓거나 꿀벌을 치지 말아야 한다.
- 꿀벌은 사람의 머리카락에 쉽게 걸릴 수 있다. 따라서 긴 머리는 묶고 그물망이 달린 양봉 모자를 착용하는 것이 좋다.
- 꽃에 앉은 수집벌은 전혀 위험하지 않다. 맨발로 그 위를 밟지만 않는다면 말이다. 벌침에 쏘이면 고통스럽지만 꿀벌은 자연스럽게 자기방어 행위를 한 것뿐이다.
- 가축이나 반려동물도 꿀벌에게 달려들거나 꿀벌을 밟으면 쏘일 수 있다. 필요한 경우 울타리를 세워 예방하도록 한다.
- 만일의 경우를 대비해 벌레에 물렸을 때 바르는 연고를 준비해 둔다. 밖에 있을 때는 질경이를 손으로 비벼 쏘인 자리에 발라도 도움이 된다.

꿀이 가득 든 유리병은 벌에 쏘인 아픔을 더 빨리 잊게 만드는 매력적인 보상임이 분명하다.

벌통 배치

벌통을 어떻게 배치할 것인가는 벌통을 놓을 장소, 벌통의 종류(나무 벌통이나 플라스틱 벌통), 양봉 자재들을 보관할 공간, 그리고 여러분의 경제적 형편에 따라 다르다. 처음에는 최대한 단출하게 시작하고, 선택한 장소가 양봉에 적합한 곳으로 입증되고 난 뒤에 조금 더 큰 지붕을 추가적으로 설치하는 방향이 좋다.

노천 배치

벌통을 아무런 보호벽 없이 받침대 위에 설치하는 것을 말한다. 방수가 되는 덮개나 지붕만 놓아 벌통이 비에 맞지 않게 보호한다. 플라스틱 벌통은 그런 지붕조차 필요 없다. 벌통은 땅바닥에서 최소한 30 cm 위에 놓아야 한다. 그래야 바닥의 냉기와 습기로부터 꿀벌을 보호할 수 있다. 배치 높이는 최적의 작업 높이도 결정한다. 6~8무리 이상의 꿀벌을 배치할 때는 자기 벌통을 찾지 못하고 잘못 날아드는 상황을 피하기 위해서 3~4개의 집단으로 구성해야 한다. 단층으로 된 벌통은 한 무리씩 단독으로 배치하거나 2개 집단으로 배치하는 것이 가장 좋다. 여러 방향에서 벌통을 다룰 수 있기 때문이다.

벌통 거치대 배치

벌통 거치대를 어떤 식으로 만들었는가에 따라서 차이가 있다. 사방을 막아서 꿀벌이 밀폐된 보호 상자 안에 들어가도록 만든 형태가 있는 반면, 간이 대피소처럼 지붕만 얹어서 꿀벌과 양봉가가 최소한의 보호만 받을 수 있게 만든 형태도 있다. 사방이 뚫린 거치대라도 극심한 날씨에 꿀벌과 벌통이 무방비로 방치되지는 않는다. 게다가 양봉 작업복과 도구들을 편리하게 보관할 수도 있다.

  꼭 나무판과 각목을 이용해 벌통 거치대를 직접 만드는 데 뛰어난 목공 솜씨가 필요한 건 아니다. 또 못을 박아 고정하지 않고 나사로 벽을 연결한다면 이

플라스틱 벌통을 노천에 배치한 형태. 아래쪽 받침대는 높이를 조절할 수 있다.

간이 대피소처럼 벽 없이 간단하게 지붕만 얹은 형태. 지붕은 벌통을 보호하여 양봉가를 도와준다.

동식 벌통으로도 사용할 수 있다. 투명한 플라스틱 골판지로 만든 지붕은 위에서부터 충분한 빛을 공급한다. 지붕 높이는 양봉가가 서서 일하는 데 방해받지 않을 정도가 되어야 한다. 따라서 벌통문 쪽으로 살짝 기울어진 지붕이 좋다.

가든 하우스형 벌통 배치

근래 들어 이런 형태의 벌통은 유행이 지났다. 모든 양봉가가 넓은 땅을 소유하고 있는 건 아니기 때문이다. 게다가 앞에서 언급한 두 종류의 벌통 배치보다 훨씬 비용이 많이 들어 경제적 부담이 크다. 가든 하우스형 벌통을 구입하거나 만들고 싶다면 먼저 건축법의 여러 규정을 확인해 보아야 한다. 벌통 크기와 설치 장소에 따라서 건축 허가를 받아야 할 수도 있다.

가든 하우스형 벌통은 양봉 작업을 편리하게 진행할 수 있게 공간을 분할해야 한다. 꿀벌이 아무런 문제없이 드나들 수 있게 만드는 것도 이에 포함된다. 무엇보다 창문과 지붕을 통해서도 빛이 충분하게 들어올 수 있도록 신경을 써야 한다. 또한 가급적 벌집 상자들과 빈 벌통, 그리고 분봉을 내기 위한 작은 벌통을 보관할 공간과 작업 공간을 마련하는 것이 좋다. 채밀기를 놓을 공간까지 있다면 채밀기는 꿀벌이 들어가지 못하게 밀폐된 상태로 보관해야 하고, 전기와 수도 시설을 갖추고 있어야 한다. 계획을 세우는 단계에서 비슷하게 만든

전통적인 가든 하우스형 벌통. 뒤쪽에는 꿀벌 상자들이 층층이 있다.

나무로 만든 가든 하우스. 양봉을 위한 형태로 개조되었다(상자형 벌통).

다른 벌통들을 살펴보면 도움이 많이 될 것이다. 기성품으로 판매되는 몇몇 가든 하우스 자체도 벌통으로 개조할 수 있다.

> **독일의 법률***
> - 벌통을 새로 배치한 경우 관할 동물 보호 및 관리 관청에 신고해야 한다(꿀벌 전염병 규정 BSVO 제1a조).
> - 꿀벌 무리를 다른 지역으로 이동시킬 경우 법률적 규정에 따른다(꿀벌 이동 참조).
> - 꿀벌이 살지 않는 빈 벌통은 벌들이 날아들지 못하게 밀봉해야 한다(BSVO 제6조).
> - 건축 계획이 있는 지역에 큰 규모의 가든 하우스형 벌통을 배치할 때는 원칙적으로 관할 관청의 허가를 받아야 한다. 외부 영역에 배치할 때는 양봉 운영에 필요한 규모의 가든 하우스형 벌통만 허가될 수 있다(독일 행정 법원 결정: 건축법 판례집 28, 45호).
> - 작은 정원 가꾸기 협회들은 양봉에 필요한 조건들을 정할 수 있다. 예를 들어 양봉 가능한 최대 꿀벌 무리의 수, 보험 의무, 양봉 교육 과정 참여 조건 등이 있다.

---

* 국내에는 벌통의 배치나 이동에 관해 따로 정해진 법규가 없다. 그래서 벌이 전염병에 걸리거나 사람이 벌에 쏘일 가능성이 항상 존재한다.

밀원 식물
꽃꿀, 감로, 꽃가루

꿀벌은 먹이를 수집하기 위해서 매우 다양한 식물을 찾아다니지만 소수의 식물 종에서만 많은 양의 꽃꿀을 얻을 수 있다. 여러 가지 조건이 좋을 때 그 양은 꿀벌 한 무리당 하루에 수 kg에 달할 수 있다. 이때 날씨는 섭씨 14도 이상의 비가 내리지 않고 바람이 잔잔한 날이어야 하며 온도와 습도가 적당하여 식물이 제대로 성장하고 꿀벌이 날아다닐 수 있어야 한다.

같은 지역의 동일한 밀원 식물이라도 얻은 꿀의 양은 편차가 매우 클 수 있다. 그 이유는 무엇보다 소기후*와 토양 유형이 서로 다르기 때문이지만, 꿀벌의 배치 상태에 따라서도 차이가 난다. 가령 주변에 피나무 가로수길이 있다고 해도 물이 부족해서 나무들이 잘 자라지 못하거나 비가 많이 내리는 바람에 피나무 잎에서 진딧물과 감로가 씻겨내려 간다면 꿀을 얻기란 어렵다.

봄 밀원 식물 버드나무, 벚나무, 사과나무, 배나무, 서양자두나무, 까치밥나무, 구즈베리, 라즈베리, 민들레, 유채

여름 밀원 식물 아까시나무, 밤나무, 피나무, 오리갈매나무, 토끼풀, 들갓, 파켈리아, 자주개자리, 어수리, 에리카, 블랙베리

가을 밀원 식물 들갓, 메밀, 봉선화, 호장근, 담쟁이

감로 제공 식물 (최적의 조건에서) 가문비나무, 전나무, 소나무, 단풍나무, 피나무, 떡갈나무. 다른 식물들도 진딧물의 피해를 심하게 입어 감로를 제공할 수 있다.

---

* 좁은 지역 내의 기후로서 고도, 경사면 방향, 강, 하천, 바다, 경작지, 산림, 도시, 공장 등에 의해 차이가 난다. 농작물과 곤충의 성장에 중요한 환경 조건이다.

1 벚꽃
2 파켈리아
3 버드나무 꽃
4 유채
5 아까시나무
6 피나무
7 침엽수(감로)

양봉가에게 필요한 물품

여러 가지 도구

여기서는 양봉 작업에 가장 필요하고 중요한 도구들만 제시하고자 한다. 특수 도구들은 그 도구들을 다루는 장에서 더 자세하게 설명할 것이다.

꿀벌을 다루는 모든 작업을 할 때 여러 가지 도구가 필요하다. 여러분은 이 도구들을 언제든 꺼내 사용할 수 있도록 바구니나 플라스틱 통에 보관하고 있어야 한다. 필요한 장비들이 갖춰져 있으면 작업이 훨씬 수월해진다. 특히 분봉 시기에 더욱 그렇다.

벌통끌(소납도, 하이브 툴)

양봉에서 가장 중요한 도구이다. 벌집과 벌집틀에 항상 붙어 있는 밀랍과 프로폴리스를 긁어낼 때 사용한다. 끌의 길이와 형태 덕분에 벌집틀을 벌릴 때 지레 역할을 하는 도구로도 편리하게 사용할 수 있다. 벌통끌을 구입할 때는 손에 잘 맞는지 확인해야 하고 벌집을 들고 있거나 긁을 때에 손에서 빠지지 않는지 살펴봐야 한다. 그에 반해 벌집 집게는 꿀을 수확하는 등 몇 가지 일을 할 때 이외에는 자주 사용되지 않는다.

훈연기와 양봉 파이프

일을 시작하거나 일을 하는 동안 훈연기를 사용하여 벌통의 꿀벌에게 조심스럽게 연기를 내뿜는다. 그러면 연기를 싫어하는 꿀벌이 뒤로 물러나 조용해지기 때문에 꿀벌의 동요와 공격을 막을 수 있다. 예전에는 양봉 파이프가 널리 쓰였지만 오늘날에는 거의 사용되지 않는다. 양봉 파이프의 장점은 손을 쓸 필요가 없고 머리를 두는 곳에 따라 연기가 항상 원하는 방향으로 향한다는 데 있

벌통끌은 다방면으로 쓰임새가 많은 도구다. 여기서는 밀랍을 긁어내는 용도로 쓰인다.

벌집 집게로 벌집을 잡아 벌통에서 꺼낸다. 많은 양봉가들이 이 일을 할 때 손가락만 사용한다.

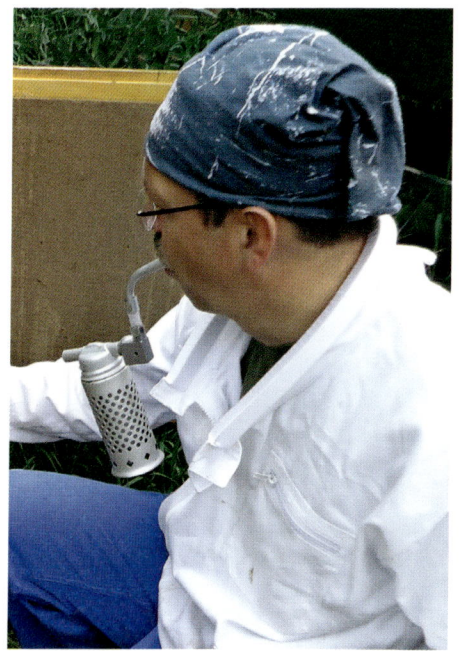

양봉 파이프는 연기가 앞쪽으로 나오게 바람을 불어 넣을 수만 있다.

훈연기는 바람통 안으로 바람을 불어넣어 불이 꺼지지 않게 하면서 연기를 내뿜는다.

다. 파이프 안에 역류 방지 밸브가 있어서 양봉가가 연기를 들이마시는 일은 없다. 나는 기분에 따라서 훈연기와 양봉 파이프를 번갈아 가며 사용한다. 훈연기를 사용할 때는 잠시 손을 써야 한다. 연기를 내뿜도록 펌프질을 하고 훈연기가 벌집 쪽으로 향하도록 잡고 있어야 하기 때문이다. 환풍구가 달린 훈연기와 전동 훈연기도 있다.

훈연에 필요한 건초는 양봉용품점에서 구입할 수 있고 풀과 쑥, 그리고 그 밖의 적당한 식물을 말려서 사용할 수도 있다. 말린 나무껍질이나 솔방울은 물론이고 달걀판을 이용해도 괜찮다. 점화기를 별도로 판매하지만 대부분은 작은 가스 토치를 이용하여 더 빠르고 덜 냄새 나게 불을 피울 수 있다. 꿀벌은 냄새를 싫어하기 때문에 숯불 점화기는 피하는 것이 좋다. 벌집을 잠시 살펴볼 때는 훈연기에 달걀판만 넣고 불을 피워도 괜찮다.

훈연기와 양봉 파이프에서 불꽃이 일어서는 안 되고 하얀 연기만 나와야 한다. 가연성 물질 근처에 두면 절대 안 되고, 작업이 끝난 뒤에도 가연성 물질 근처에 두면 안 된다. 훈연기의 굴뚝을 나무나 젖은 풀로 막아두어도 좋다.

물뿌리개

일부 양봉가들은 날이 아주 더울 때 물뿌리개를 이용한다. 꿀벌은 비를 싫어해서 물을 뿌리면 벌통 안으로 들어간다. 다만 벌집에는 물을 뿌리지 않도록 조심해야 한다. 특히 분봉한 벌을 포획할 때나 비교적 긴 시간 동안 이동할 때 물기를 묻혀 꿀벌을 안심시키기 위해서는 물뿌리개가 필요하다(환기용 거즈를 통해 물을 뿌린다).

거위 깃털과 벌비

양봉 작업을 할 때는 꿀벌을 벌집과 벌집 뚜껑에서 쏟아내고 벌통에서 쓸어내기 위한 도구가 필요하다. 그 일에 적합한 도구가 거위 깃털과 벌비다. 두 가지 도구를 모두 시험해보는 것이 좋다. 깃털과 비에 꿀이 묻었을 때 바로 물로 씻어내야 하며, 평소에도 규칙적으로 손질해 두어야 한다.

벌집 받침대와 벌집 받침통

벌통 안의 벌집을 다룰 때는 공간이 필요하다. 따라서 처음 한두 개의 벌집은 벌집 받침대나 벌집 받침통에 걸어두는 게 가장 좋다. 벌집틀의 바깥쪽 테두리를 받침대에 걸칠 때 그쪽에 걸린 벌집이 보호되지 않아 꿀벌들이 아래로 떨어질 수도 있다. 벌집 받침대를 직접 만드는 일은 어렵지 않다. 물론 다른 벌통 하나를 대신 사용할 수도 있지만 꿀벌들을 쓸어 내는 일이 다소 번거롭다. 꿀벌들이 꼭꼭 숨어 있는 걸 좋아하기 때문이다. 더 이상 쓰지 않는 빈 통을 이용하면 벌집틀을 세로로 세워 둘 수도 있다.

벌집이 받침대에 걸려 있다. 예비 벌통을 이용하면 벌집을 더 안전하게 보호할 수 있다.

빈 통을 이용해 벌집을 받쳐 놓았다. 벌집의 규격에 따라서 세로로 세우기도 한다.

많은 양봉가들이 이런 도구를 전혀 사용하지 않고 처음 꺼낸 벌집틀을 벌통 옆에 비스듬히 세워 두는 경우가 많다. 그러나 이는 매우 위험하다. 꿀벌들이 풀밭으로 떨어지거나 벌집틀이 넘어지면서 짓눌릴 수 있기 때문이다. 그 안에 여왕벌이라도 있다면 상황이 아주 난감해진다.

작업복과 방충복

꿀벌이 직물에 달라붙지 않도록 매끄러운 옷을 입고 털실이나 폴라플리스 소재의 옷은 피한다. 또한 꿀벌을 불필요하게 자극하는 색깔은 피해야 한다. 하얀색이 가장 좋고, 검정색은 꿀벌을 자극하고 공격적으로 만드니 피해야 한다. 옷은 꿀벌이 들어오지 못하게 촘촘하게 막은 옷일수록 꿀벌이 다가오는 일도 줄어든다. 따라서 소매와 바짓단도 좁은 것이 좋다. 바짓단을 양말 안으로 넣으면 더욱 좋다.

양봉 모자

초보자는 꿀벌이 손이나 얼굴에 앉으면 차분하게 일하지 못할 것이다. 이에 민감하게 반응하다 보면 벌집을 떨어뜨릴 수 있고, 결국 양봉가와 꿀벌은 더 정신이 없어질 것이다. 따라서 초기에는 항상 그물망이 달린 양봉 모자를 쓰고, 필요하면 가정에서 사용하는 얇은 고무장갑도 사용하라고 권하고 싶다. 혹시 동료 양봉가들이 놀려도 그냥 무시하면 된다. 중요한 건 여러분이 양봉을 할 때 안전한 환경을 갖추고 편하게 작업하는 것이다. 시간이 지나면서 양봉 모자나 방충복은 점차 입지 않게 될 것이다. 일을 하는 데 오히려 방해가 될 수도 있으니 말이다.

안경을 쓰는 사람이라면 곤충들이 안경알에 붙어 있길 좋아한다는 걸 경험한 적이 있을 것이다. 이는 곤충들이 빛의 반사에 이끌리기 때문이다. 벌에 눈을 쏘이면 매우 위험할 수 있기 때문에 안경을 낀 초보자는 반드시 양봉 모자를 써야 한다. 경험이 쌓이면 양봉 모자를 쓰지 않고도 위험한 상황을 피하는 법을 터득하게 된다.

양봉 모자를 쓰면 처음에는 시야가 가려져 적응 기간이 필요하다. 양봉용품점에서 여러 가지 유형의 양봉 모자를 써 보고 햇빛 아래에서 벌집처럼 작은 물체들을 관찰해서 적합한 모자를 고르는 것이 가장 좋다. 눈과 그물망의 간격은 물건마다 매우 다르고 사람마다 그 선호도가 다르다. 내 경우는 틈새가 있는 그물망을 쓰지 않은 뒤부터 오히려 벌에게 머리를 쏘이는 일이 훨씬 줄어들었다. 그물망은 이리저리 이동하다가 쉽게 뜯어질 수 있기 때문이다. 나는 머리나 목에 두르는 버프로 족하고, 위험한 상황에서만 양봉 모자를 쓴다.

장갑

장갑을 끼고도 손의 감각을 충분히 느끼려면 가정에서 사용하는 얇은 고무장갑을 끼는 것이 좋다. 실수로 꿀벌을 만져서 벌에 쏘여도 아픔이 덜하고, 독이

그물망이 달린 방충복을 입으면 아이들과 양봉가가 벌에 쏘이지 않게 된다.

장갑을 뚫고 들어오지 못해서 대개 쏘인 자리가 많이 붓지 않는다. 이런 과정을 겪다 보면 일을 할 때 꿀벌을 건드리면 안 된다는 깨달음을 얻게 된다. 꿀이 묻은 고무장갑은 물로 쉽게 씻어낼 수 있다. 반면에 가죽장갑은 꿀과 프로폴리스가 잘 떨어지지 않아서 더는 사용할 수 없게 되고 두꺼운 재질 때문에 외부의 자극을 감지하기도 어렵다.

작업복과 신발

긴 바지를 입고 안전한 신발을 신어야 한다. 밀랍과 프로폴리스, 꿀이나 꿀벌 배설물로 옷을 더럽히지 않으려면 위아래가 합쳐진 오버올 작업복을 입는 것이 좋다. 그물망까지 달려 있는 오버올도 있다. 양봉 일을 하다 보면 꿀벌이 발에서부터 바지를 타고 올라가는 것을 무척 좋아한다는 사실을 곧 알게 될 것이다. 긴 양말을 신고 고무줄로 틈새를 막거나 장화를 신어서 이를 막을 수 있다.

양봉 도구 보관 장소

충분한 공간이 없는 도시에 사는 사람도 양봉을 할 수 있다. 꿀을 거르는 작업은 부엌에서 하면 되고, 양봉 도구는 지하실이나 벌통 거치소에 보관하면 된다. 작은 창고는 벌통과 벌집을 보관하는 데도 훨씬 실용적이다. 또한 집안에서 냄새를 풍길 필요 없이 벌집에 개미산을 뿌려 꿀벌에 해로운 부채명나방 애벌레를 막을 수 있다.

> **양봉가에게 필요한 기본 장비 점검 목록**
> - 작업복: 방충복, 바지, 신발, 양봉 모자(또는 두건/버프), 가정용 고무장갑
> - 벌통끌
> - 거위 깃털이나 벌비
> - 훈연기나 양봉 파이프, 연료, 점화기, 성냥이나 라이터
> - 물뿌리개

- 여왕벌 포획기와 왕롱*
- 꽃가루 떡으로 왕롱을 막을 투명 덮개
- 벌집용 철사
- 벌집 받침대나 벌집 받침통
- 손 씻을 물통과 물
- 꿀벌에 쏘였을 때 바를 연고나 약품

구매 전 주의 사항

양봉용품점이나 인터넷에서 물건을 구입하기 전에 동료 양봉가들에게 문의하는 것이 좋다. 채밀기를 비롯한 몇몇 장비는 첫해에는(또는 항상) 함께 사용하거나 빌려도 괜찮다. 취미로 양봉을 하는 사람은 경영자처럼 생각하고 행동할 필요가 없다. 다른 여가 활동과 비교할 때 양봉은 꿀과 밀랍을 생산하여 조금이나마 돈을 다시 벌어들이게 된다. 하지만 취미로 양봉을 하더라도 몇 가지 꿈을 이루기 위해서는 돈을 아껴야 한다. 언젠가는 전기 모터가 달린 벌집 4매용 스테인리스 자동 채밀기 신상품을 갖게 되는 날이 올지 모른다.

---

* 여왕벌을 가두는 통이다.

지붕과 양쪽 가림막이 있는 정자형 벌통 거치대는 기상 상황이 나쁠 때 꿀벌과 양봉가를 보호해 준다.

과거와 현재의 벌통

꿀벌은 큰 구멍이 있는 집을 선호하고, 이는 양봉이 시작되지 않았던 수백만 년 전에도 마찬가지였다. 딱따구리가 나무에 뚫어 놓은 빈 구멍들이 좋은 예가 되고, 이런 경우 꿀벌이 날아들 수 있는 입구가 있었다. 구멍은 비와 추위를 막아주었다. 꿀벌 무리가 집을 짓는 데 필요한 최소한의 공간은 약 25 L의 부피다. 통나무 벌통은 인간이 개입하여 굵은 나무줄기를 톱으로 잘라 인공적으로 구멍을 파내고 꿀벌이 그곳에 정착한 벌통이다. 꿀벌 무리가 벌집을 짓도록 벌통 안에 나무틀을 제공하면, 후에 지어진 벌집과 나무틀을 아무 문제없이 꺼냈다가 다시 집어넣을 수 있다. 이렇게 움직일 수 있는 벌집을 이동식 벌집이라고 한다. 반면에 과거의 통나무 벌통이나 바구니 벌통에 지어진 벌집은 벌통에 단단히 붙어 있어서 고정식 벌집이라고 한다. 고정식 벌집은 꿀을 수확하려면 벌집을 잘라내야만 한다. 유럽에서 사용하는 벌통 형태는 매우 다양하다. 전통적인 벌통 이외에도 양봉 작업을 보다 수월하게 하려는 성격을 보이는 벌통이 많다. 오늘날에는 뒤쪽에서 작업하는 벌통이나 뒤에서 서랍처럼 밖으로 잡아당기는 벌통은 드물어졌고, 바구니 벌통은 더 이상 찾아볼 수 없게 되었다. 반면에 상자형 벌통은 전 세계적으로 가장 많이 사용되고 있다.*

상자형 벌통은 산란과 부화, 육아를 위한 벌집인 육아실과 꿀을 저장하는 벌집인 꿀 저장실을 층층이 쌓아올릴 수 있는 구조로만 이루어진다. 육아실과 꿀 저장실은 격리판(가름판, 또는 여왕벌의 출입을 막는 격왕판, 왕가름판 등으로 불린다)으로 서로 분리되어 있다. 어떤 양봉가들은 이 벌통을 '계상'이라고도 부르는데, 일을 할 때마다 상자를 내렸다가 다시 올려놓기를 반복하기 때문이다.

여러 가지 대안 벌통

국내에서는 보면 대부분 표준벌통을 사용하지만 여기서는 상자형 벌통을 대신하는 몇 가지 대안 벌통을 소개하고자 한다.**

이런 벌통들은 나이가 많은 양봉가들에게는 상대적으로 덜 알려져 있다.

먼저 저장고형 벌통은 벌집을 1열이나 2열로 나란히 세워놓거나 걸어놓을 수 있는 커다란 통이다. 이 통은 산란 벌집, 애벌레 벌집, 번데기 벌집과 꿀을 저장하는 벌집이 모두 들어갈 만큼 충분한 크기로 만들어진다. 다만 공간을

---

* 한국은 밀원의 상태, 기후 조건에 따라 다양하게 변형된 벌통을 사용하지 않고 랑스트로스 벌통을 표준벌통으로 쓴다.
** 최근에는 취미 양봉의 영향으로 벌통의 모양도 다양해지고 있는 추세이다.

더 이상 확장하지는 못한다. 대신 이 벌통에서 일을 할 때는 벌통을 쌓아올리거나 내려놓을 필요가 없다는 장점이 있다.

전형적인 단층 벌통
- 골츠 벌통에서는 세로 형태의 벌집틀 17개 또는 20개가 2열로 나란히 놓이고, 세로로 놓인 격리판 하나에 의해 서로 분리되어 있다. 벌통문 쪽으로 있는 벌집들은 산란 및 육아실이고 격리판 뒤쪽은 꿀 저장실이다.
- 브레멘 벌통도 비슷한 구조로 이루어졌지만 여기서는 벌집들이 벌통문과 평행으로 놓인다.
- 박스형 벌통은 골츠 벌통과 동일한 규격의 벌집틀을 사용하지만 30개의 벌집틀이 1열로 놓인다. 필요에 따라 격리판이나 가름판으로 공간을 나눌 수 있다.
- 멜리페라 협회에서 개발한 단상 벌통에는 세로 형태의 벌집틀이 20개까지 들어간다. 꿀벌 무리의 성장에 따라 가름판을 사용하고, 필요한 경우 여왕벌의 출입을 막는 수직 격왕판을 두어 꿀 벌집을 보호하고 여왕벌과 분리시킨다. 나도 비슷하게 생긴 벌통(표준 벌집틀 규격의 1½)에 시험 삼아 양봉을 하고 있는데, 그 벌통의 생김새 때문에 '꿀벌함'이라고 부른다.
- 톱바 벌통도 단층이지만 네모난 벌집틀 대신 벌통 안 상단에 여러 개의 막대(Top bar)를 설치한 형태다. 꿀벌들은 여기서 주어진 틀 없이 자유롭게 벌집을 짓는다. 원래는 개발도상국의 양봉 사업을 지원하기 위해 개발된 벌통이지만 지금은 일반 양봉가들 사이에서도 호평을 받고 있다. 양봉 작업이 수월하며 필요에 따라서 가름판과 격리판을 설치할 수 있다.
- 가로형 벌통은 상자형 벌통과 저장고형 벌통의 중간 형태로 큰 육아실 하나에 꿀 저장실을 더 올릴 수 있다.
- 최근에는 멜리페라 양봉 협회에서 개발해 선전하는 길쭉하고 얕은 상자

벌집이 2열로 된 골츠 벌통. 벌통을 올리고 내릴 필요가 없다. 작업 높이에 맞춰 받침대를 놓는다.

층층이 올리는 상자형 벌통은 유연하지만 작업할 때마다 벌통을 올렸다 내렸다 해야 하는 번거로움이 있다.

톱바 벌통. 여기서는 줄에 매달려 있다. 대안으로 받침대를 놓거나 다리를 만들 수 있다.

길쭉하고 얕은 꿀벌 상자. 내부를 살피기 위해 바로 세운 뒤 벌통 바닥을 떼어낸다.

도 있다. 이 벌통은 뚜껑을 완전히 열 수 없기 때문에 벌통 내부를 조사하기 위해서 벌집을 들어낼 수 없다. 꿀벌은 이곳에서 양봉가에게 방해받지 않으며 살아간다. 양봉의 주요 목표가 식물의 수정에 있고 꿀을 수확하는 것은 부차적이기 때문이다. 자유롭게 꺼낼 수 있는 벌집으로 경험을 쌓은 양봉가는 이런 상자 안에서 일어나는 일을 훨씬 쉽게 파악할 수 있다. 따라서 벌집을 꺼낼 수 있는 일반적인 상자형 벌통 하나도 함께 운영하는 것이 좋다. 이런 벌통에서 양봉을 한다는 건 책장을 완전히 펼치지 못해서 각 페이지의 4분의 1만 읽는 것이나 마찬가지다. 따라서 초보자보다는 경험이 많은 양봉가에게 더 수월하다. 그러나 경험이 풍부한 양봉가가 도와주고 조언해준다면 이러한 단점은 상쇄될 수 있다. 그렇지 않으면 처음부터 실패와 좌절을 맛볼 것이다.

이 책에서는 양봉가들이 주로 사용하는 상자형 벌통을 이용한 작업을 중점적으로 다룰 것이다. 그러나 취미 양봉을 하는 사람들은 꿀을 최대한 많이 수확하는 게 그들의 목표가 아닌 만큼 다른 형태의 벌통에도 점차 많은 관심을 보이고 있다. 허리에 통증을 느끼지 않고 힘을 적게 들이면서 양봉 작업을 하고 싶다면 단층 벌통이 상자형 벌통의 합리적 대안이 될 수 있다.

다른 형태의 벌통을 사용하면 특정 작업을 수행할 때 간혹 생각을 바꿔야 하는 경우가 있다. 물론 그렇게 큰 차이가 있는 건 아니다. 따라서 처음에는 상자형 벌통으로 경험을 쌓는 것도 나쁘지 않다. 나는 어떤 벌통이든 일단 시도해보는 것을 좋아하기 때문에 갖가지 벌통으로 즐겁게 양봉 작업을 하고 있다.

필요한 벌통 선택하기

첫 벌통을 구입하기에 앞서 우선은 여러 형태의 벌통을 둘러보면서 자기에게 필요한 벌통이 무엇인지부터 먼저 고려해야 한다. 가능하면 처음에는 동료 양

여러 가지 벌통 비교

관점	상자형 벌통	저장고형 벌통(*)	가로형 벌통
육아실	유연하게 확장 가능	확장 불가능	꿀 저장실은 유연하게 확장 가능
작업 높이	각 상자에 따라 다름	모든 벌집이 같은 영역에 있어서 바뀌지 않음	꿀 저장실에 따라 다름, 육아실은 동일
벌집과 꿀벌 상자를 들어 올리는 작업	항상	필요 없음	꿀 저장실만 필요
허리의 부담	들어 올리는 도구나 도와줄 사람 필요	훨씬 덜함	꿀 저장실은 들어 올리는 도구나 도와줄 사람 필요

(*) 골츠 벌통, 브레멘 벌통, 박스형 벌통, 단상 벌통, 톱바 벌통

봉가에게 혹은 양봉 협회에서 빌려 사용하는 편이 좋다. 그래야 잘못된 구입으로 쓸데없이 비용을 낭비하지 않게 된다. 또한 한 벌통을 선택했더라도 평생 그 벌통만 쓰지 않아도 된다. 통일된 벌집 규격을 사용하라는 요구도 재량껏 무시할 수 있다. 여러분의 마음에 드는 것을 선택해 일하면서 자기만의 경험을 쌓아 나가면 된다.

상자형 벌통

현대 양봉은 많이 수확하는 것을 목표로 하고, 이런 요구는 상자형 벌통으로 충족된다. 꿀벌 무리의 크기에 따라 벌통을 유연하게 확장할 수 있기 때문이다. 꿀벌들의 공간 수요는 시간이 지나면서 상당히 늘어난다. 교체가 가능한 상자를 사용하면 분봉을 억제하고 어린 꿀벌 무리를 형성하는 일도 간단하게 해결할 수 있다. 하나의 상자에는 약 10~12개의 벌집과 벌집틀이 들어간다(제조사

와 벌집 규격에 따라 차이가 난다). 여러 개의 상자를 층층이 쌓아올려 공간을 확장시키면 꿀벌들이 한 층에서 다른 층으로 옮겨 다닐 수 있다. 맨 아래쪽 상자의 밑면은 바닥과 차단되어 있다. 현대의 벌통 바닥에는 죽어서 떨어지는 바로아 응애를 거르는 철망과 플라스틱 바닥과 밖으로 잡아 빼낼 수 있는 밑받침이 있다. 아래로 떨어지는 모든 입자는 이 밑받침(바로아 패드)에 모인다.

맨 아래쪽에 높이와 넓이를 조정할 수 있는 커다란 틈새인 벌통문이 있고, 문 앞쪽에는 대부분 꿀벌의 착륙과 이륙을 위한 착륙판이 있다.

많은 양봉가들은 맨 위쪽 상자를 투명한 플라스틱 비닐로 덮는다. 이는 꿀벌들이 벌집과 뚜껑 사이에 밀랍으로 된 다리를 만들지 못하게 하려는 것이다. 또한 뚜껑이 투명하면 시야 방해 없이 꿀벌 무리를 관찰할 수 있다. 물론 촘촘한 플라스틱 그물망을 대안으로 사용할 수도 있지만, 여름이 지나는 동안 꿀벌들이 이곳에 끈적거리는 프로폴리스와 밀랍을 잔뜩 붙여놓을 것이다.

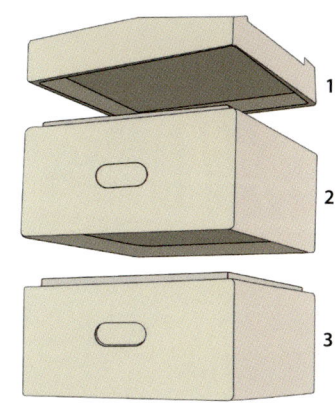
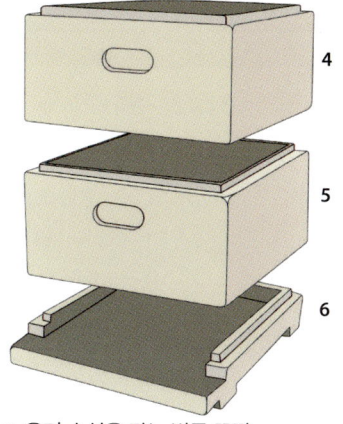

1. 온기 손실을 막는 벌통 뚜껑
2. 상부 꿀 저장실 = 제2 꿀 저장실
3. 하부 꿀 저장실 = 제1 꿀 저장실
4. 상부 육아실 = 제2 육아실, 때때로 격리판으로 막는다.
5. 하부 육아실 = 제1 육아실
6. 벌통 바닥. 벌통문, 착륙판, 바로아 철망과 바로아 서랍이 딸려 있다.

거즈는 비닐보다 공기가 잘 통하며, 벌통 안의 습기를 뚜껑 상판으로 빨아들인다. 바로아 응애를 퇴치할 때 필요하면 비닐로 대체한다. 벌통 위쪽을 덮는 뚜껑은 추위와 비를 막아준다. 양철 뚜껑, 또는 플라스틱 골판지로 된 비가림막처럼 몇몇 뚜껑은 비바람에 잘 견디는 덮개가 딸려 있다.

나무 벌통과 플라스틱 벌통

오늘날의 벌통은 나무나 플라스틱(스티로폼)으로 만들어진다. 나무는 공기가 잘 통하고 생태학적 자연의 산물이라는 장점이 있다. 플라스틱 벌통은 날씨가 궂어도 쉽게 변질되지 않고 단열효과가 뛰어나지만, 공기가 잘 통하지 않는다는 단점

세로로 반을 나눈 꿀 저장 상자. 무게가 적게 나가서 들기가 수월하다.

이 있다. 그러나 이러한 단점은 공간을 적절하게 조절하고, 바닥에 철망 환기구를 설치하는 등 몇 가지 조치를 취해 보완할 수 있다. 친환경 인증을 받으려는 양봉가는 나무 벌통을 선호한다. 두 소재에 대한 찬반 논쟁과는 별개로 양봉은 두 소재로 된 벌통을 모두 사용할 수 있다.

단칸 육아실과 두 칸 육아실

벌집틀의 규격은 서로 다르다. 독일과 몇몇 주변 국가에서는 특히 독일 표준 규격과 에노흐 잔더(Enoch Zander)가 개발한 잔더 규격이 널리 퍼져 있다. 이 경우 두 개의 상자에 육아실이 만들어진다. 그러나 산란 및 부화를 위해서 더 큰 벌집과 벌집틀을 점점 선택하는 추세이다. 예를 들어 표준 규격보다 1.5배 큰 벌집틀을 사용해 단칸 육아실을 운영하기도 한다. 그러면 봉아권(산란권)이 나뉘지 않고 봉아권을 살펴볼 때도 더 적은 수의 벌집을 꺼내 검사하게 된다. 이 벌집틀은 일반적으로 프랑스 출신의 미국 양봉가 샤를 다당트(Charles Dadant)가

독일 표준 규격 벌집틀. 순서대로 1½ 벌집틀, 표준 벌집틀, 얕은 벌집틀, 반쪽 벌집틀이다.

개발한 다당트 규격과 비슷하다. 육아실의 벌집이 큰 경우 꿀 저장실은 대부분 1/2 높이의 벌집이 사용되는데, 이는 상자를 올렸을 때 공간의 부피가 너무 커지지 않게 하기 위해서이다. 밀원 식물을 대량으로 키우는 곳에서는 꿀 벌집이 들어가는 반쪽짜리 상자 여러 개를 층층이 포개어 놓는다. 다만 벌집의 규격이 서로 다르기 때문에 양쪽의 벌집을 교환하지 못한다는 단점이 있다. 양봉 작업을 할 때는 그 점을 감안하면서 조정할 수 있다.

표준 규격과 잔더 규격의 벌집틀을 위한 반쪽 상자(1/2높이 상자)도 있고, 그보다 조금 더 큰 얕은 상자와 두꺼운 벌집도 있다. 두꺼운 벌집은 각 방의 깊이가 깊어서 여왕벌이 될 알을 낳지 않는다. 따라서 격리판을 사용하지 않아도 된다.

최근에는 세로로 반을 가른 상자도 사용되고 있다. 이 상자를 나란히 붙여 놓으면 나누지 않은 상자의 크기와 똑같다. 양봉가는 꿀이 저장된 상자를 더 가볍게 들어 올릴 수 있고, 육아실과 꿀 저장실에도 동일한 규격의 벌집틀이 사용된다. 그러나 아직까지는 이러한 특수 상자가 모든 상자형 벌통 체계에 적용되는 건 아니다.

여기서 기술한 내용을 보면서 서로 다른 벌집 규격과 상자 규격 때문에 혼란스러워할 필요는 없다. 여러분이 사는 지역에서는 어떤 것을 주로 사용하는지 둘러보라. 반쪽짜리 상자와 두꺼운 벌집을 구입하는 문제는 여러분의 경험으로 그 장단점을 더 잘 헤아릴 수 있을 때 결정하면 된다.

홈이 있는 상자와 없는 상자

상자형 벌통들 중에서 상자 모서리에 홈이 있는 것들이 있다. 이는 상자와 상자가 잘 맞물리도록 쌓아올려 미끄러지지 않게 하기 위해서이다. 그러나 상자를 얹을 때 그 연결부에 있는 꿀벌들이 짓눌릴 위험이 높다는 단점도 있다. 또한 홈이 있는 상자는 미끄러지지 않는지 확인하기 위해서 잠시 기울이기도 어렵다. 홈이 없는 상자들 중 몇 개는 기울임 방지를 위해 안전장치가 갖춰져 있지만, 그렇지 않은 것들도 많다. 장단점을 제대로 파악할 수 있으려면 두 상자 유형을 보다 정확하게 살펴보고, 실제로 사용하고 있는 양봉가들에게 정보를 얻어야 한다.

벌통 색칠

특히 나무로 만든 벌통은 색칠하여 비바람에 쉽게 망가지지 않도록 보호해야 한다. 이때 주의할 점은 꿀벌이 좋아하는 색만 사용해야 한다는 것이다. 무엇보다 벌통 바닥과 착륙판에 여러 가지 색을 칠하면 꿀벌들이 방향을 쉽게 찾을 수 있고, 엉뚱한 곳으로 날아가는 것도 방지할 수 있다. 다만 벌통은 항상 바깥쪽에만 색칠해야 한다.

또한 모든 벌통에는 번호를 분명하게 표시해야 한다. 그래야 봉아권 주변의 먹이 비축물을 검사하기 위해 표본을 채취한 내역과 바로아 응애를 퇴치하기 위해 약품을 사용한 내역을 정확하게 기록할 수 있다. 도난당한 벌 무리를 다시 찾거나 확인할 때도 번호 등의 표시가 있으면 수월할 것이다.

> **자주 사용되는 벌집틀 규격**
>
> - 독일 표준 규격(DN): 39.4 cm × 22.3 cm, DN 1½: 높이 33.8 cm, DN ½: 높이 12.5 cm DN 평면(*)
> - 잔더 규격(Zander): 47.7 cm × 22 cm, 잔더 1½: 높이 33.5 cm, 잔더 1/2: 높이 11 cm 잔더 평면(*)
> - 쿤츠 호흐(Kuntzsch hoch), 골츠 벌통: 28 cm × 33 cm
> - 다당트(Dadant, US): 육아실: 48.2 xcm × 28.5 cm, 꿀 저장실 높이: 14.1 cm Dadant 평면
> - 다당트 블라트(Dadant Blatt): 육아실: 47 cm × 30 cm, 꿀 저장실: 높이 16 cm
> - 랑스트로스(Langstroth): 48.2 cm × 23.2 cm, 3/4: 높이 18.5 cm 평면(*), 1/2: 13.7 cm
> - 오스트리아 표준 규격: 40 cm × 22.3 cm 평면(*)
> - 스위스 벌통, 육아실: 29.7 cm × 36 cm, 꿀 저장실: 높이 17.7 cm
>
> (*) '평면'으로 표시된 벌집틀의 높이는 15.9 cm이다.

벌집의 위치

사각형으로 된 벌통에서는 벌집을 벌통문과 어긋나는 방향(횡단 구조 = 따뜻한 구조)으로 걸거나 같은 방향(종단 구조 = 찬 구조)으로 나란히 걸 수 있다. 지금까지 두 가지 벌집 중에서 어느 하나의 장점이 명확하게 드러나지는 않았다. 다만 종단 구조로 놓았을 때는 벌집을 빼서 들어 올릴 때 한쪽 팔은 뻗고 다른 쪽 팔은 굽혀야 한다. 따라서 등과 허리에 부담을 준다. 반면에 횡단 구조로 된 벌집은 일할 때 이러한 부담이 적은 편이다. 벌통을 약간 기울여 벌 무리의 상태를 관찰하는 사람이라면 벌집을 종단 구조로만 놓아야 한다. 그렇지 않으면 벌집이 이리저리 흔들리고 결국 꿀벌들이 짓눌리는 경우가 종종 발생한다. 주로 많은 꿀벌 무리를 키우는 양봉가들이 시간을 절약하기 위해서 벌통을 기

 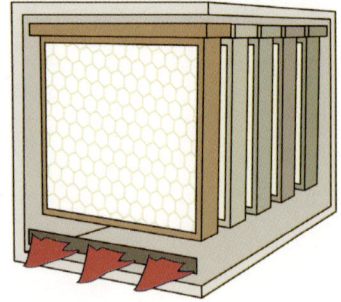

도식으로 묘사한 벌집의 위치. 찬 구조(왼쪽)와 따뜻한 구조(오른쪽)

울여 살펴보곤 한다. 하지만 꿀벌 무리의 상태를 정확하게 파악하려면 모든 벌집을 개별적으로 검사해야 한다.

벌집틀과 벌집

양봉가들은 꿀벌들이 나무로 된 틀에 벌집을 짓게 한다. 그래야 벌집을 개별적으로 검사할 수 있고, 꿀을 수확하기 위해 채밀기에 넣고 돌린 다음에도 다시 사용할 수 있다. 벌집의 안정성은 밀랍판을 통해서 한층 높아진다. 이 밀랍판은 벌집의 기초 역할을 하는 밑자리로 벌집기초, 또는 소초라고 한다. 벌집기초는 나무틀에 고정한 철사 위에다 붙인다. 꿀벌은 인공적으로 주조한 이 벌집기초(100% 천연 밀랍)의 양면에 벌집을 짓는다. 양봉용품점에서는 서로 다른 틀의 규격에 맞는 다양한 벌집기초를 판매하고 있다. 양봉가 자신이 주형을 이용해 직접 만들 수도 있다. 철사 대신 집게로 벌집기초를 고정하는 방식은 확고한 지지를 얻지 못했다. 수벌들의 방에는 벌집기초가 없는 완전히 빈 나무틀만 사용하는데, 꿀벌들은 봄에 주로 그곳에 수벌 방을 짓는다. 벌집기초의 일부를 잘라서 나무틀의 상단에 붙여 거기서부터 벌집을 짓게 할 수도 있다.

애벌레방들이 있는 벌집틀. 뚜껑이 덮인 꿀방이 봉아권을 에워싸고 있다.

벌집틀 측면을 규칙적으로 청소해야 밀랍과 프로폴리스가 달라붙어 넓어지지 않는다.

모든 벌집이 일정한 간격을 유지하고 있어야 꺼낸 벌집을 다시 벌통 안으로 넣을 수 있다.

벌집 간격

두 개의 벌집 사이는 항상 10 mm의 간격이 있어야 한다. 이 공간을 벌집 골목, 또는 꿀벌 간격이라고 한다. 간격이 좁으면 꿀벌들은 벌집을 부실하게 짓거나 아예 짓지 못한다. 반면에 간격이 넓으면 벌집도 너무 넓어지거나 벌집틀 사이에 여러 벌집이 생긴다. 두 경우 모두 바람직하지 않기 때문에 각각의 나무틀 옆에 스페이서라는 부품을 끼워 일정한 간격을 유지하도록 해야 한다. 그러면 벌집 간격을 적절하게 유지할 수 있다. 벌집기초에서 다음 벌집기초까지의 간격은 35 mm이다.

벌집틀의 구조

벌집틀은 상단 막대와 두 개의 측면 막대, 그리고 하단 막대로 이루어진다. 상단 막대의 양쪽 귀로 벌집 상자에 건다. 벌집틀은 각 부분을 구입해 직접 조립할 수도 있고, 구멍을 뚫어 철사까지 연결한 완성품을 구입할 수도 있다. 가격은 제조사와 나무 종류에 따라 다르다. 소나무보다는 너도밤나무로 만든 부품이 더 단단하기 때문에 너도밤나무 틀이 더 견고하다.

  나무틀의 만듦새에 차이가 나는 까닭은 상단 막대를 더 두껍게 만든 점 이외에 벌집 간격을 유지하기 위해 스페이서를 부착한 것이 결정적이다. 가령 호프만 사에서 만든 측면 막대는 두 개의 틀을 놓았을 때 이미 벌집 간격이 만들어질 정도로 넓적하다. 따라서 이 나무틀은 항상 서로 바짝 붙여서 세워야 한다. 그런데 이 경우 꿀벌들이 나무틀을 밀랍과 프로폴리스로 달라붙게 할 때가 많아서 나무틀을 꺼낼 때 힘이 많이 든다. 따라서 벌통끌을 이용해 밀랍과 프로폴리스를 규칙적으로 제거해야 한다. 반면에 작은 플라스틱 조각이나 둥근 못 등의 부품으로 간격을 주면 나무틀이 직접적으로 닿는 일이 없어서 서로 엉겨붙는 일이 없다. 동료 양봉가들의 여러 경험담을 들어보고 선택하는 편이 좋다.

벌집의 간격을 일정하게 유지시키는 부품은 다양하다. 벌집 사이의 간격은 항상 일정해야 한다.

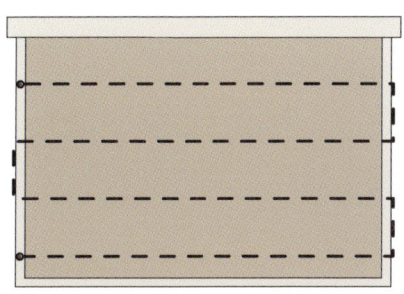

나무틀의 가로 방향 철선. 벌집틀이 큰 경우는 6개까지 연결한다.

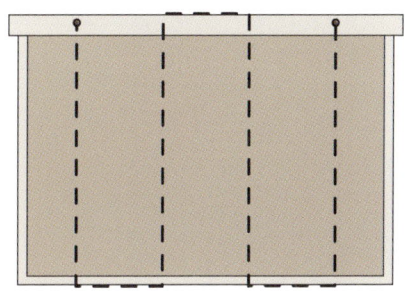

나무틀의 세로 방향 철선. 철사로 이미 파 놓은 하나의 홈(상단 막대)을 통해 연결되는 경우가 많다.

철사 구멍

벌집틀에 철사를 묶기 위해서 상단 막대나 하단 막대에 천공기로 구멍을 뚫을 계획이라면 단단한 막대를 사용했을 때 힘이 더 많이 든다는 점을 감안해야 한다. 전동 드릴이나 충전 드라이버를 사용해 편리하게 뚫을 수도 있다.

가로 방향과 세로 방향의 철선

철사 구멍이 뚫려 있는 나무틀에는 철사 연결을 위한 홈도 이미 파져 있다. 그럴 경우 거기에 맞춰 철사를 꿰는 것이 적절하다.

가로 방향으로 연결하는 경우 약한 측면 막대가 안쪽으로 구부러지는 단점이 있다. 이런 작용은 표준 규격이나 잔더 규격 벌집틀보다는 쿤츠 호흐 규격처럼 세로가 더 큰 벌집틀에서 더 빈번하게 나타난다. 철사 간격이 촘촘할수록 벌집도 더 안정적이다. 가령 표준 규격의 벌집틀에는 4개의 철선이 있고 $1\frac{1}{2}$ 규격 벌집틀에는 6개의 철선이 있다.

철사를 고정하는 못

벌집틀에 연결하는 철사는 최대한 녹이 슬지 않는 못(약 2×12 mm) 두 개에 팽팽하게 고정시킨다. 경험상 못을 고정하는 위치는 상단 막대가 가장 실용적이었다. 손으로 벌집틀을 잡을 수 있는 공간도 충분해야 한다. 한번 직접 잡아보는 것도 좋다.

철사 구멍과 스페이서의 위치에 따라, 또는 철사를 꿰는 방향에 따라서 못을 고정하는 위치를 바꾸는 것이 좋을 수 있다. 직접 확인해보자!
못은 보통 4~5 mm 정도 튀어나오게 해서 철사를 감는다. 그러나 못을 완전히 박아 넣는 경우도 많다.

호프만 사에서 만든 넓은 측면 막대는 바짝 붙여 걸어야 한다.

측면 막대에 부착한 둥근 못 덕분에 벌집틀의 간격이 유지된다.

전동 드릴이나 천공기를 이용해 나무틀에 구멍을 뚫는다.

철사의 종류

강철이 좋을까 스테인리스강이 좋을까? 두 종류 모두 양봉용품점에서 구입할 수 있다. 여기에서는 결정을 하는 데 도움이 될 만한 몇 가지 사실을 언급하고자 한다. 먼저 강철 철사로 고정한 벌집은 칼로 쉽게 잘라낼 수 있다. 그러나 여러분이 만약 벌집틀째 넣는 증기 용랍기를 사용한다면 스테인리스강으로 만든 철사가 수명이 길 것이다. 또한 나중에 철사가 느슨해졌을 때도 벌집틀 철사용 스패너를 이용해서 간단하게 다시 조일 수 있다. 강철 철사의 한 가지 단점은 바로아 응애를 없애기 위해 개미산을 사용했을 때 녹이 슨다는 것이다. 양잿물로 청소하는 경우에도 강철 철사보다는 스테인리스강 철사가 수명이 더 길다.

하지만 벌집틀을 손으로 잡을 때 스테인리스강 철사가 더 딱딱하기 때문에 철사 끝부분에 쉽게 다칠 수 있다. 필요한 경우 동료 양봉가들과 의논을 거친 뒤에 결정하면 된다. 자연적으로 벌집을 짓게 하는 경우에는 벌집기초뿐만 아니라 벌집틀 철사도 사용하지 않는다.

> **보호 고리의 유무**
>
> 예전에는 모든 철사 구멍에 가장자리를 감싸는 보호용 쇠고리도 함께 박아 넣었다. 특히 약한 나무로 만들어진 경우 철사가 나무 안으로 파고드는 일을 막기 위해서였다. 그러나 일부 양봉가들은 이를 신경 쓰지 않는다.

철사를 꿰어 팽팽하게 당기기

철사 롤은 하나의 축을 통해서 자유롭게 돌릴 수 있고 쉽게 풀린다.

작업 과정

1. 사진에서 보이는 것처럼 나무틀의 구멍에 철사를 집어넣는다.
2. 철사의 끝부분을 못에 감는다.
3. 철사를 팽팽하게 당긴다. 손가락으로 잡아야 한다면 엄지손가락을 나무틀에 대고 팽팽하게 한다.
4. 두 번째 철사의 끝부분을 또 다른 못에 감아 고정한다. 반복하면 나무틀에 철사가 다 꿰어진다. 철사는 기타를 연주할 수 있을 정도로 팽팽하게 조여야 한다. 스패너를 이용하면 더 쉽게 조일 수 있다.

철사를 꿰는 건 겨울철에 미리 준비해둘 수 있다. 다만 나무틀에 철사를 넣은 뒤 한쪽 철사의 끝부분만 고정한다. 시간이 지나면서 철사가 늘어나기 때문에 팽팽하게 조이는 건 벌집기초를 붙이기 직전에 해야 한다.

벌집기초 붙이기

철사에 벌집기초를 붙이기 위해서 철사의 끝부분을 특수 저압 변압기에 연결시킨다. 약한 전류가 철사를 데우면 벌집기초가 철사에 달라붙는다. 이때 12~24볼트의 전압을 출력하는 변압기만 사용해야 함에 주의해야 한다. 220볼트로 작업하면 목숨을 잃을 수도 있으니 반드시 유의해야 한다. 양봉용품점에서 변압기를 구입하는 것이 가장 좋고, 경우에 따라서 자동차 배터리 충전기나 장난감 전기 기차용 변압기, 또는 자동차 배터리를 대신 사용할 수도 있다.

작업 과정

1. 철사를 꿴 나무틀을 바닥이 평평한 곳이나 받침대 위에 놓는다.
2. 벌집기초를 나무틀의 하단 막대에 맞춰 철사 위에 놓는다.
3. 변압기의 케이블을 철사 끝부분의 못과 연결한다. 철사가 뜨거워지니 조심해야 한다.
4. 철사가 벌집기초의 중간에 닿으면 끊는다.

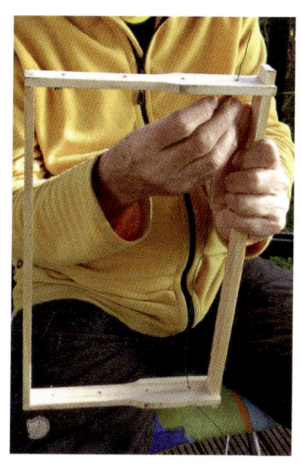

못이 가까운 곳부터 시작하여 철사를 꿴다.

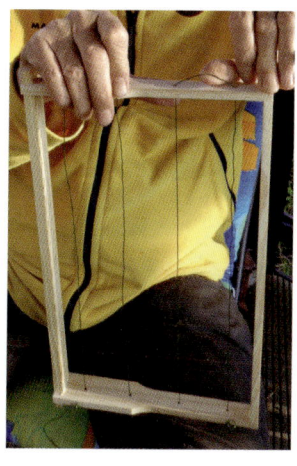

철사의 끝을 못에 고정한 뒤 철사를 당긴다.

벌집틀 철사용 스패너로 철사를 팽팽하게 조일 수 있다.

철사를 붙이는 과정에서 하는 전형적인 실수

1. 연결 시간이 너무 짧으면, 철사의 상당 부분이 여전히 벌집기초(밀랍판)와 떨어져 있다. 다시 한 번 짧게 변압기를 연결한다.
2. 연결 시간이 너무 길면, 철사 때문에 벌집기초가 끊어지면서 더 이상 사용할 수 없게 된다. 이렇게 끊어진 벌집기초 조각은 꿀벌이 집을 짓기 시작하는 첫 부분에만 출발점으로 붙이거나 초를 만들 때 사용할 수 있다.
3. 비스듬하게 붙이거나 상단 막대에 바짝 붙인 경우 꿀벌들이 집을 짓는 데는 아무런 문제가 없다. 따라서 계속 연습하면 된다.

구멍을 뚫고, 못을 박고, 철사를 꿸 때 필요한 도구 목록

새 나무틀
- 철사를 고정하기 위한 못
- 스페이서(호프만 사에서 만든 것처럼 측면 막대가 넓은 나무틀에는 필요 없다)
- 나무틀에 구멍을 내기 위한 천공기나 전동 드릴, 충전 드라이버(2.5 mm, 쇠고리를 사용하지 않을 때는 1.5 mm)
- 망치와 플라이어
- 구멍을 뚫기 위한 견본판(직접 만든다)
- 철사(강철 철사나 스테인리스강 철사)
- 보호 고리
- 철사 스패너(팽팽하게 당기는 것을 쉽게 해준다)

벌집기초 붙일 때
- 나무틀 하나당 벌집기초 하나
- 변압기
- 콘센트

1 벌집기초를 조심스럽게 철사 위에 놓는다. 많은 양봉가들이 상단 막대 쪽에 약간의 공간을 남겨둔다.

2 벌집 철사용 변압기로 양쪽 못의 끝부분을 연결한다. 나무틀에 맨 철사가 따뜻해지고 벌집기초의 밀랍이 녹으면서 철사가 판에 심어진다.

3 철사가 벌집기초 가운데 달라붙도록 적절한 순간에 변압기의 연결을 끊는다.

4 철사가 달라붙지 않은 자리가 몇 군데 있어도 별 문제는 없다. 경우에 따라서 철사를 미리 조금 더 당겨 놓는다.

5 전류가 너무 오래 흐른 경우이다.* 빨리 접촉을 끊어야 한다. 분리된 밀랍 조각들은 녹여서 사용할 수 있다.

---

* 철사의 열에 의해 소초가 녹아 분리되었다.

위르겐(75세)

양봉 교육 3년 전
양봉 시작 3년 전
현재 키우는 꿀벌 무리 4개
벌통 유형 길쭉하고 얕은 꿀벌 상자로 시작해서 지금은 전적으로 단상 벌통만 이용하고 있다.
특이점 단칸 벌통 하나를 구입했고 벌통 3개는 직접 만들었다. 처음 사용했던 길쭉하고 얕은 형태의 꿀벌 상자는 너무 번거로웠다. 꿀이 가득 든 벌통을 통째로 들어올리기가 너무 무거웠고, 벌집의 상태를 검사하는 일도 간단하지 않았으며, 끈적거리는 수확물에 너무 많은 꿀벌이 달라붙었다. 지금은 벌집을 꺼내고 검사하는 일이 무척 즐겁다. 전부 압축꿀만 생산한다.

얀(88세)

양봉 교육 40년 전
양봉 시작 어렸을 때 아버지의 양봉장에서 일을 도왔고, 40년 전부터 자기 꿀벌을 키우고 있다.
현재 키우는 꿀벌 무리 8개
벌통 유형 현재는 미니 스티로폼 벌통에 수집 활동이 왕성한 강한 꿀벌 무리를 키우고 있다. 과거에는 상자형 벌통과 골츠 벌통을 사용했다.
특이점 플라스틱 미니 벌통을 이용한 운영 방식을 직접 개발했다. 각각 6개의 벌집이 들어 있는 상자 3개에 육아실과 격리판이 있고, 그 위에 얹은 상자 2개가 꿀 저장실이다. 꿀벌 한 무리가 꿀 15 kg을 수확하고 있다. 몇 년 전부터 전동 채밀기를 사용하고 있는데, 좀 더 일찍부터 사용했다면 좋았을 것이라고 생각한다. 많은 양봉가들의 교육자로서 양봉에 필요한 갖가지 기술과 방법들을 알려주고 있다.

다양한 방법을 시도하는 양봉가들

아그니시카(34세)

양봉 교육 5년 전
양봉 시작 5년 전
현재 키우는 꿀벌 무리 수집 활동이 왕성한 1년생 꿀벌 무리 4개
벌통 유형 골츠 벌통
특이점 양봉 과정에서 상자형 벌통으로 교육을 받은 뒤 골츠 벌통으로 양봉을 시작했다. 꿀이 든 무거운 상자를 들어 올리고 내리는 과정을 피하고 싶었기 때문이다. 자신의 채밀기를 친한 양봉가의 양봉장에 보관해 두고 있으며, 꿀이 가득한 벌집을 그리로 가져가서 채밀 작업을 한다.

마르쿠스(32세)

양봉 교육 이제 막 참여하고 있다.
양봉 시작 1년 전 세력이 강한 새 꿀벌 무리를 데리고 시작했다.
현재 키우는 꿀벌 무리 수확량이 풍부한 1년생 꿀벌 무리 9개
벌통 유형 플라스틱 벌통
특이점 몇몇 무리는 평평한 지붕에서 키우고 있고, 양봉 자재를 운반할 때는 자전거를 이용한다. 양봉 실습에도 참여하고 있다.

요나스(33세)

양봉 교육 6년 전
양봉 시작 6년 전
현재 키우는 꿀벌 무리 25개
특이점 양봉을 시작한 지 2년째에 벌써 8개의 무리를 키웠다. 꿀벌 무리가 많았던 덕분에 아주 빠르게 양봉 경험을 쌓을 수 있었다.

모든 연령대의 아이들

아이들도 나이에 상관없이 양봉 일을 도울 수 있고, 능력과 경험이 점차 쌓이면서 언젠가는 자신의 꿀벌 무리를 독립적으로 키울 수 있다. 벌통 종류에 따라서 벌집을 혼자서, 또는 다른 아이들이나 어른들의 도움을 받아서 들 수 있다.

본격적인 양봉 작업 과정

봄맞이와 겨울나기

3

첫 번째 자기 꿀벌

드디어 시작이다! 처음에는 스스로에게 수많은 질문을 던지게 될 것이다. 언제 어떻게 시작해야 하고 일 년 동안 어떤 일들을 하게 될지 모르는 점들이 너무 많기 때문이다.

적당한 계절

많은 양봉가들이 보통 전년도에 새로 형성되어 겨울을 잘 이겨낸 어린 꿀벌 무리를 데리고 이른 봄에 일을 시작한다. 모든 일이 순조롭게 진행된다면 이 꿀벌 무리에서 꿀을 수확할 수 있다. 비용을 적게 쓰려면 알판, 애벌레판, 번데기판과 그 위에 있는 꿀벌들로 새로 형성한 봉아 핵군(적은 규모의 꿀벌 무리)이나 여왕벌이 있는 핵군을 데리고 초여름부터 일을 시작하면 된다. 개체수가 적은 이 무리는 아직은 더 성장해야 해서 다음해에나 꿀을 생산할 가능성이 매우 크다.

어떤 무리를 데리고 시작하든 벌집 규격이 일치하는 것이 중요하다. 그렇지 않으면 적응과정에 문제가 생긴다. 그에 반해 분봉한 꿀벌은 모든 종류의 벌통에 넣을 수 있다. 이 꿀벌들은 굉장히 유연해서 어떤 규격의 벌집틀에도 벌집을 잘 짓는다. 경험 많은 양봉가는 4월부터 6월 말까지의 기간 중에서 분봉한 꿀벌 무리를 직접 포획하거나 초보 양봉가가 포획하는 것을 도와줄 수 있다. 각 지역의 양봉 협회나 인터넷의 분봉 거래소에서 분봉한 꿀벌 무리를 구입하는 방법도 있다.

인공 분봉은 양봉가가 개입해서 이루어지는 분봉이다. 한 무리나 여러 무리에서 쓸어낸 꿀벌들과 여왕벌로 이루어진다. 분봉한 무리를 수용한 벌통은 원래 꿀벌 무리의 비행 구역 밖으로 옮겨야 하는데, 그렇지 않으면 꿀벌들이 원래 무리가 있는 곳으로 날아가기 때문이다. 새로운 무리를 형성하려면 분봉 시

꿀벌 무리를 처음으로 구입하면 기쁨과 긴장감이 커진다.

기에 개체수를 줄여야 할 세력이 강한 꿀벌 무리가 필요하다.

이미 다 자라서 꿀을 왕성하게 생산하는 무리를 양봉 시즌에 구입하는 사람은 가장 비싼 값을 지불해야 하지만, 첫 수확의 기쁨을 누릴 수 있다. 반면에 꿀벌 무리를 가을에 구입하면 먹이 공급이 이미 끝나고 응애 퇴치 조치도 마친 상태다. 이러한 요인들 역시 구매 가격에 당연히 포함된다. 그러나 겨울에는 꿀벌 무리를 구입하거나 이동시키지 않는다. 이동시킬 때 피해를 입을 수 있기 때문이다.

 겨울에 둥글게 떼 지어 지내는 꿀벌을 방해해서는 안 된다.

사전 준비 사항

아래 나열한 사항은 여러분이 사전에 잘 확인하고 주의해야 할 내용들이다.

- 벌집 상자와 벌집 규격은 어떤 것이 좋을까? 벌통과 벌집틀 규격을 선택한다.
- 벌통의 입지 요인과 벌통 배치 방법을 고려하여 꿀벌 무리를 배치한다.
- 꿀벌 구입에 대한 안내와 관할 관청에서 발행하는 건강 증명서를 확인한다.
- 관할 관청에 신고하고 미국 부저병 차단 구역에 대한 정보도 얻는다.
- 양봉 협회에 신고한다.
- 시골과 많은 섬들에 있는 짝짓기 장소는 외래 벌들로부터 안전한 곳이다. 여왕벌들과 선택된 수벌들의 짝짓기는 이곳에서 이루어져야 한다. 보다 자세한 내용은 양봉 협회와 단체에서 얻을 수 있다.
- 꿀벌 무리를 자신의 양봉장으로 운반하는 데 필요한 실무 지침을 확인한다.

건강증명서 제출과 양봉 협회 가입

꿀벌을 판매한 사람이 관청에서 발행한 건강 증명서까지 같이 주는 경우가 있다. 그러면 여러분이 양봉을 하려는 도시나 지방의 관할 관청에 신고할 때 이 증명서를 제출해야 한다. 또한 지역 양봉 협회에서 꿀벌 이동과 건강을 감독하는 담당자에게도 복사본을 제출하는 것이 좋다.

양봉 협회에 가입하면 여러 가지 장점을 누릴 수 있다. 특히 다양한 정보를 주고받을 수 있고, 배움의 기회도 많아지며, 이웃이 벌에 쏘여 손해배상을 청구할 때 보험으로 보호받을 수 있다.

운반과 적응

분봉 이후 벌통 안에 수용된 꿀벌 무리가 한 초보 양봉가의 정원으로 운반되었

꿀벌 구매 시 알면 좋은 정보

	벌집 규격	새 무리 형성 및 구매 시기	가격
봉아 핵군 (여왕벌을 직접 키운다)	주의 필요	4월~6월	저렴하다.
새로 형성된 핵군 (전년도의 여왕벌과 함께)	주의 필요	5월~7월	보통
분봉	상관없다.	4월~6월 (미리 계획할 수 없다.)	무료 혹은 저렴한 가격
인공 분봉	상관없다.	5월~6, 7월	보통
수집 활동이 왕성한 무리	주의 필요	3월~10월	비싸다.

다고 가정해보자. 이 초보 양봉가는 약 3 km 정도 떨어진 곳에 사는 노련한 양봉가에게 꿀벌을 분양받았다. 따라서 벌들이 원래 있던 곳으로 되돌아가는 일은 없을 것이다.

작업 과정

1. 판매자의 양봉장에서 꿀벌들이 모두 비행을 마치고 벌통 안으로 들어가면 벌통문을 스펀지로 막는다. 벌통 안의 상자와 바닥과 덮개가 분리되지 않도록 끈으로 묶는다.
2. 운반 차량에 벌통을 싣는다. 이때 바닥에 끈적거리는 것이 묻지 않도록 신문지나 비닐을 미리 깔아둔다.
3. 바깥 온도가 25도 이하이고 운반 시간이 30분 이상 걸리지 않으면 환기 철망을 추가하지 않아도 된다. 그러나 운반 시간이 더 길어지면 뚜껑 등에 반드시 설치해야 한다.
4. 목적지에는 바닥에서 적어도 20 cm 이상 떨어진 곳에 벌통을 놓을 받침

새 꿀벌 무리를 조심스럽게 받침대 위에 내려놓는다.

대가 마련되어야 한다.
5. 벌통을 조심스럽게 받침대에 내려놓은 뒤 벌통문을 연다. 꿀벌들이 빛 또는 램프를 향해 날아가지 않도록 조심해야 한다.

다음날 아침 꿀벌들은 새로운 공간에서 날아다니며 주변을 익히기 시작한다. 벌통 주변에서 원을 그리며 빙빙 돌다가 멀어지기를 반복한다.

 초보 양봉가에게는 최소한 두세 무리를 키우는 것이 바람직하다.

벌집 검사

처음으로 벌통 안 꿀벌 무리의 상태를 살펴볼 때는 양봉 교육 과정을 통해 벌집을 검사하는 방법을 배워야 한다. 다시 말해서 벌집의 구성물을 분류하는 법을 배워야 한다. 처음에는 조금 당혹스러울 것이다. 모든 것들이 낯설고 대부분의 벌집에서 꿀벌들이 앉아 있거나 돌아다니고 있기 때문이다. 필요하면 거위 깃털 또는 벌비를 이용하여 꿀벌을 조심스럽게 옆으로 밀거나 상자 아래로 쓸어내려도 괜찮다. 훈연기나 양봉 파이프의 연기로도 꿀벌을 내보낼 수 있다. 벌집을 검사할 때는 다음의 질문이 도움이 된다.

- 어떤 벌집에 무엇이 들어 있나?
- 벌집에 비축물이 들어 있나? 꿀이나 꽃가루가 가득 혹은 부분적으로 들어 있나?
- 벌집에 알과 애벌레가 있나? 벌집의 방들이 열려 있나(열린 단계에는 알, 어리거나 조금 더 지난 애벌레가 있다), 아니면 이미 덮여 있나?

벌집의 다채로움

초보 양봉가로서 처음 벌통 내부를 검사할 때 이웃 양봉가나 경험이 많은 양봉가에게 도움을 받을 수 있다. 꿀벌 무리의 상황을 평가하고 판단할 때도 그들의 도움이 필요하다. 그들은 그동안 쌓아온 풍부한 경험으로 여러분의 질문에 기꺼이 대답해 줄 것이다. 여기 제시하는 사진들은 벌집의 다채로움을 보여준다.

1 가장자리가 아직 완성되지 않은 벌집이다.
2 산란이 이루어지지 않은 빈 벌집. 새로 만든 벌집은 밝은 노란색인데, 시간이 지나면서 점점 5번처럼 갈색으로 변한다(경우에 따라 프로폴리스로 칠해져 있다).
3 일벌이 될 봉아가 있는 방을 확대한 모습이다. 알들과 둥글게 몸을 굽힌 애벌레들이 있다.
4 애벌레방에 덮개가 덮인 상태. 안쪽은 이미 덮개를 뚫고 나와 방들이 다시 비어 있다. 여왕벌은 여기에 다시 알을 낳을 수 있다.
5 봉아권이었던 빈 벌집. 벌집의 가운데 부분이 어두운 색으로 변한 것은 꿀벌의 번데기가 고치를 벗고 나온 뒤 남겨진 껍질 때문이다. 애기벌이 빠져나올 때마다 방들은 점점 어두운 색으로 변한다.
6 수벌 애벌레방. 방의 지름이 더 크다는 점이 눈에 띈다. 게다가 밀봉된 방의 높이도 일벌 방보다 높이 솟아 있다.
7 덮개가 덮인 일벌 애벌레방. 밀랍 덮개로 덮여 있다. 애벌레가 번데기가 되면 밀랍 덮개는 그 아래 있는 고치 껍질 때문에 색깔이 더 짙어진다.
8 신선한 꽃가루를 저장한 벌집의 방들은 반짝거리는 꽃가루 색깔을 띤다. 꿀벌 무리가 애벌레를 키우지 않을 때에는 꽃가루가 저장된다. 방에 저장된 꽃가루는 신선한 꽃가루와 비교할 때 빛바래 보인다.
9 꿀이 저장된 벌집. 밀랍으로 덮이지 않은 상태이다. 밀랍으로 덮인 꿀방의 모습은 나중에 나온다.
* 여왕벌의 애벌레방은 나중에 제시한다.

단상 벌통에서 키우는 꿀벌 무리 내검

양봉 작업을 위한 최적 날씨
- 평상시에는 영상 16도 정도가 좋다.
- 건조하고 바람이 불지 않는 날이 좋다.
- 햇빛이 나면 수집벌들이 수집하러 나가기 때문에 상자 안이 평소보다 비어 있다. 이때 벌집을 살펴보면 꿀벌들의 상태를 검사(내검)하는 일도 쉬워진다.
- 날이 더운 7월 초·중반에서 8월 말까지는 가능한 한 이른 아침이나 해지기 전에 최대한 빨리 검사해야 한다. 그래야 도둑벌을 막을 수 있다. 식량이 충분하지 않은 꿀벌들은 달콤한 냄새가 나는 곳은 어디든 찾아다니며 꿀을 훔치기 때문이다. 이런 경우에 벌통문 근처에서 꿀벌들이 공격적으로 행동하는 모습과 꿀벌 무리가 동요하는 모습을 볼 수 있다.

기본 장비
안전한 작업복: 필요에 따라서 작업복과 양봉 모자, 두건, 고무장갑을 준비한다. 기본 장비를 위한 점검 목록은 앞에서 이미 언급했다. 함께 도와줄 사람도 미리 생각해두면 좋다.

작업 도구: 벌통끌, 벌비나 거위 깃털, 벌집 받침대(받침통, 작은 벌통이나 빈 상자), 훈연기나 양봉 파이프, 양봉 잎담배, 점화기, 성냥이나 라이터, 경우에 따라서는 분무기, 내검 일지와 펜, 또는 노트북이나 태블릿

작업 과정
1. 벌통 뚜껑을 들어 올린다.
2. 벌집을 덮은 비닐의 한쪽 귀퉁이를 들어 연기를 뿌린 뒤 잠시 기다린다.

내검할 때에는 사람이나 꿀벌이나 편안한 상태에 있어야 한다.

3. 비닐을 완전히 벗기고 벌비나 거위 깃털로 비닐에 앉아 있는 벌들을 벌통 안으로 쓸어내린다. 바람이 불거나 날씨가 서늘할 때는 비닐의 한쪽 부분만 벗긴다.
4. 벌통끌을 이용해 모서리에 있는 첫 번째 벌집을 떼어낸다.
5. 손가락으로 나무틀의 귀를 잡은 뒤 벌집을 조심스럽게 수직으로 들어 올려 벌통에서 꺼낸다. 옆에 부딪히거나 꿀벌이 짓눌리지 않게 조심한다.
6. 먼저 한쪽 면을 살펴본 뒤(6.1) 이어서 벌집의 다른 쪽 면을 검사한다(6.2). 사전에 빈 벌집으로 벌집을 돌리는 동작을 연습해서 벌집에 앉아 있는 꿀벌들이 아래로 떨어지지 않도록 조심해야 한다.
7. 처음 두 개의 벌집에 대한 검사를 마치고 벌집을 벌침 받침대나 받침통, 또는 빈 벌통 상자에 세워둔다.

단상 벌통의 꿀벌 무리 내검. 벌통 뚜껑을 연다. (과정 1)

비닐의 한쪽 귀퉁이를 들고 훈연기로 연기를 불어넣은 뒤 다시 비닐을 덮는다.(과정 2)

8. 이제 벌통 안에 작업 공간이 생겼기 때문에 이후의 작업은 조금 수월해진다.
9. 다음 벌집들을 차례로 꺼내서 살펴본 뒤 다시 벌통 안에 넣는다. 최대한 공간을 차지하지 않게 나란히 넣고, 그중 첫 번째 벌집을 벌통의 벽 쪽으로 넣는다. 벌집이 조금 넓게 지어진 경우에는 벌집의 앞뒤 면이 바뀌지 않도록 주의한다. 나무틀에 고정한 스페이서는 벌집들의 간격을 일정하게 유지시켜 준다. 이런 식으로 진행할 때 자유로운 작업 공간이 계속 옆으로 이동한다. 틈이 생기지 않도록 한다.
10. 마지막으로 모든 벌집을 이전의 위치로 밀어 넣는다. 벌집 사이의 간격은 스페이서로 조정한다. 공간이 좁으면 꿀벌이 짓눌리고, 넓으면 벌집들 사

잠시 후 비닐을 걷는다. 비닐에 앉아 있는 벌들은 상자 안으로 쓸어내린다.(과정 3)

벌집을 떼어내 밖으로 꺼낸다.(과정 4, 과정 5)

앞에 보이는 벌집 면을 검사한다. 무엇이 보이는가? (과정 6.1)

벌집을 돌려 반대편 벌집도 검사한다.(과정 6.2)

벌집을 다시 이전의 위치로 밀어 넣는다.(과정 10)

비닐을 덮고 마지막으로 살펴본다.(과정 12)

소리가 나지 않도록 벌통 뚜껑을 조심스럽게 덮는다. (과정 13)

내검하며 받은 인상을 즉시 내검 일지에 기록한다.(과정 14)

이 공간까지 벌집이 마구 생긴다.

11. 이제 맨 처음에 꺼내서 받침통에 세워둔 두 개의 벌집을 다시 제자리에 놓는다.
12. 나무틀의 상단 막대에 연기를 뿌리고 비닐을 다시 덮는다.
13. 벌통 뚜껑을 닫는다.
14. 내검 일지에 꿀벌들의 상태를 기록한다. 앞에서 언급한 내검할 때 필요한 몇 가지 질문이 도움이 될 것이다.

다른 작업 방법

첫 벌집만 꺼내서 검사하다가 마지막에 상자의 다른 쪽 빈 곳에 끼워 넣는다. 다음에 내검할 때 이 벌집부터 다시 시작해야 한다. 어떤 방식이 더 좋은지는 직접 해보면서 결정하면 된다.

여러 상자로 된 벌통에서 키우는 꿀벌 무리 내검

필요한 비품

검사를 마친 상자를 내려놓으려면 벌통 받침대나 뒤집어 놓은 벌통 뚜껑이 필요하다. 등과 허리의 부담을 줄이며 일하고 벌집 상자를 조금 높은 곳에 내려놓기 위해서는 소형 테이블이나 최소한 빈 예비 벌통을 마련해야 한다. 내검 작업은 위에서 아래의 순서대로 진행한다.

작업 과정

1. 맨 위에 있는 상자의 벌집(예를 들면 꿀 저장실)부터 차례대로 앞에서 기술한 것과 같이 검사한다.
2. 지렛대로 이용해서 상자의 아래쪽 모서리를 조심스럽게 구석에서 떼어낸다.

여러 상자에서 키우는 꿀벌들은 위에서부터 아래의 상자 순서대로 검사한다.

검사가 끝난 상자는 옆으로 치워둔다.

맨 아래쪽에 있는 상자 검사. 내검이 끝난 뒤 내려놓은 상자들을 다시 올려놓는다.

3. 상자를 들어낸다.
4. 들어낸 상자를 천천히 벌통 받침대나 뒤집어놓은 벌통 뚜껑 위에 내려놓는다. 허리 부담을 줄이려면 소형 테이블이나 빈 예비 벌통을 사용해도 좋다. 벌을 떨어뜨리지 않게 부드럽게 내려놓아야 한다. 들어낸 상자 위에 비닐을 덮는다.
5. 격리판은 대부분 아래 상자에 있다(제2 육아실). 격리판 위로 연기를 들여보낸 뒤 벌통끌로 격리판을 상자에서 떼어낸다. 격리판에 붙은 꿀벌들을 벌비로 쓸어내리거나 판을 두드려서 털어낸다. 꿀벌들이 아래쪽에 있는 상자로 떨어지게 해야 한다.
6. 제2 육아실의 벌집을 차례로 검사한다.
7. 제2 육아실의 아래쪽 모서리를 제1 육아실로부터 떼어낸다.
8. 제2 육아실을 들어낸다.
9. 제2 육아실을 비닐로 덮거나 격리판으로 덮어서 여왕벌이 육아실에서 꿀저장실로 올라가지 못하게 한다. 제2 육아실을 조심스럽게 꿀 저장실 위로 올린다. 제2 육아실을 별도로 또 다른 벌통 받침대나 뒤집어놓은 벌통 뚜껑 위에 내려놓을 수도 있다.
10. 맨 아래쪽에 있는 제1 육아실의 벌집을 차례로 검사한다.
11. 이어서 제1 육아실의 상단 막대에 연기를 불어넣은 뒤 벌통끌로 나무틀의 상단 막대에 붙은 밀랍을 제거한다.
12. 상단 막대에 다시 연기를 불어넣어 필요한 경우 벌통 벽에 붙은 꿀벌들을 쫓아낸다(꿀벌들이 짓눌리는 것을 피할 수 있다). 이제 제2 육아실을 조심스럽게 제1 육아실 위에 내려놓는다. 떨어뜨리지 않고 부드럽게 살짝 내려놓아야 한다.
13. 제2 육아실의 상단 막대에 연기를 불어넣은 뒤 밀랍을 제거한다.
14. 다시 연기를 불어넣은 뒤 제2 육아실의 상단 막대에 격리판을 놓는다.

15. 제1 꿀 저장실을 격리판 위에 내려놓는다.
16. 비닐과 뚜껑으로 벌통을 덮는다.
17. 벌통을 검사하면서 받은 인상을 내검 일지에 기록한다.

내검 일지 양식은 양봉용품점에서 구입할 수 있고 인터넷에서 다운로드할 수도 있다. 약자로 표기하면 시간을 절약하고 내용도 한눈에 파악할 수 있다. 어떤 형식으로 내검 일지를 작성할지는 여러분 스스로 정하면 된다. 내검 일지에는 다음번 내검을 위한 안내 사항이나 필요한 비품을 기록할 수 있다.

여왕벌을 찾았는가?

여왕벌이 있는 벌집 전체를 검사하고 난 뒤 다시 조심스럽게 상자에 넣는다. 아니면 여왕벌을 포획기로 잡아 따로 안전하게 두었다가 벌집 상자를 원래 위치로 넣은 뒤에 다시 육아실에 풀어놓는다.

계절별 꿀벌 무리 보살피기

이 장에서는 여러 가지 자료를 설명하여 모든 양봉가가 거쳐야 할 작업을 한눈에 파악할 수 있다. 몇 가지 작업은 다음 장에서 보다 상세하게 기술할 것이다.

동면기
11월에서 1, 2월까지

꿀벌들은 연초에도 계속 동면기 상태에 있으며 추위를 견디기 위해서 공 모양으로 떼를 형성하는데 이를 봉구라고 한다. 그러다가 일조량이 늘고 기온이 상승하면 서서히 산란할 준비를 한다. 꿀벌들은 밤낮으로 봉구를 형성한 채 모여 있는 벌집을 최적의 상태로 데울 수 있다. 육아실이 있는 벌집은 추운 겨울에도

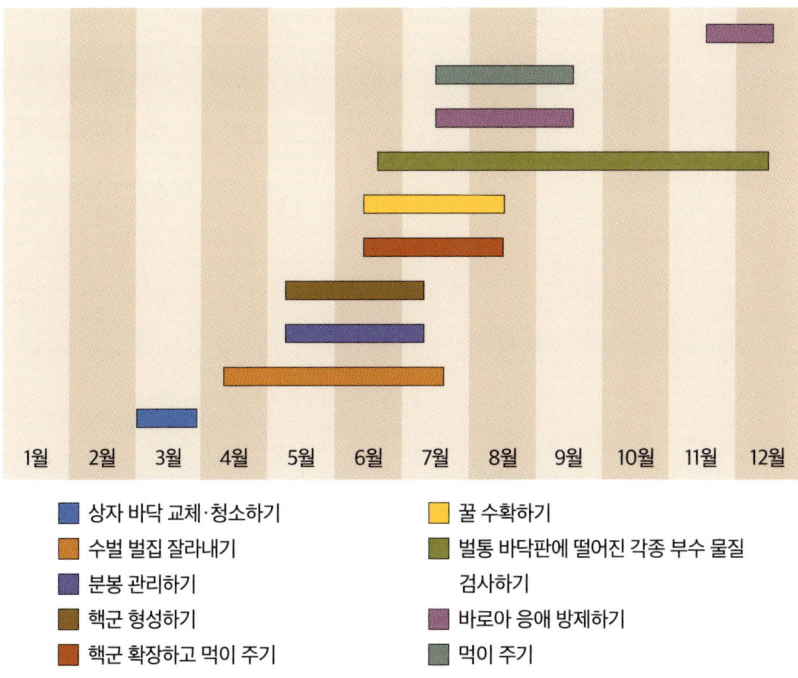

■ 상자 바닥 교체·청소하기　　■ 꿀 수확하기
■ 수벌 벌집 잘라내기　　■ 벌통 바닥판에 떨어진 각종 부수 물질
■ 분봉 관리하기　　　검사하기
■ 핵군 형성하기　　■ 바로아 응애 방제하기
■ 핵군 확장하고 먹이 주기　　■ 먹이 주기

꿀벌들은 겨울철에 거의 공 모양으로 모여 있다. 이 봉구는 벌통 안에서 천천히 조금씩 움직인다.

봉구를 들여다보면 대다수 꿀벌들이 어디에 모여 있는지 정확하게 볼 수 있다.

온도를 35도로 지속적으로 유지한다. 벌집에 있는 겨울철 먹이는 날씨가 추워서 단단해졌기 때문에 녹여야 한다. 그래야 꿀벌들이 먹이를 먹을 수 있다. 다 자라서 방에서 빠져나오는 어린 꿀벌들은 새로운 노동자이자 늙은 겨울벌들의 든든한 지원군이다. 그러나 어린 꿀벌들은 죽은 겨울벌들의 일부만 대체할 뿐이다. 따라서 꿀벌 무리의 수는 여전히 줄어든 상태다. 기온이 12도 이상으로 오르면 꿀벌들은 그들의 배설물 주머니를 비우기 위해서 벌통 밖으로 청소 비행을 나간다. 일부는 처음 피는 꽃으로 수집 비행을 나가기도 한다.

1월과 2월에 양봉가가 할 일

이따금 벌통 주변을 살펴보면서 꿀벌들에게 방해가 될 만한 요소들을 확인하고 처리해야 한다. 예를 들어 바람에 흔들리며 벌통을 두드리는 나뭇가지를 제거하거나 쓰러진 벌통을 바로 놓는 일들이다. 꿀벌 무리를 직접적으로 내검하

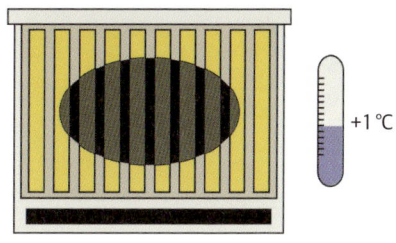

외부 온도가 영상 1도일 때 봉구의 크기

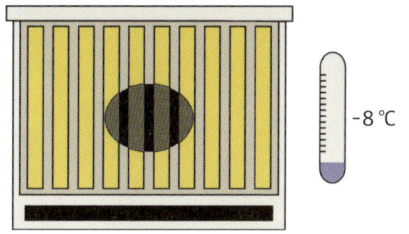

외부 온도가 영하 8도일 때는 봉구가 훨씬 작게 줄어들며 체온과 벌통 안의 온도를 유지한다.

지는 않는다. 먹이가 충분한지 의심이 드는 경우에만 꿀벌 무리의 무게를 달아 보거나 무게를 측정하기 위해서 벌통을 살짝 기울일 수 있다. 본격적인 양봉 시기에 대비해 벌집틀에 철사를 매거나 벌통을 수리해 놓기도 한다. 준비가 잘 되어 있을수록 양봉 시기 내내 모든 일을 편안하게 진행할 수 있다.

초봄의 첫 번째 내검

2월 말에서 3월 초까지

꿀벌 무리는 계속 봉구를 형성한 채 지낸다. 온도가 올라가면 봉구가 느슨해지면서 넓어지고, 온도가 내려가면 다시 똘똘 뭉쳐서 작아진다. 외부 온도에 따라서 청소 비행과 수집 비행도 서서히 시작된다. 꿀벌들은 봉구 한가운데 있는 벌집의 좁은 영역에서 애벌레들을 키운다.

첫 번째 내검 때 양봉가가 할 일

외부 온도가 영상 12도 이상이면서 비가 오지 않고 바람도 불지 않는 날 벌통 안을 잠시 살펴본다. 먹이가 저장된 바깥쪽 벌집부터 시작해 꿀벌들이 모여 있는 곳까지 빠르게 훑어본다. 먹이가 저장된 벌집과 함께 꿀벌들이 차지하고 있는 벌집 몇 개를 꺼내서 다음과 같은 사항들을 확인한다.

초봄에 처음으로 내검할 때에는 신속하게 작업해야 한다. 빈 벌집틀(뒤쪽)을 제거한다.

여왕벌이 온전하게 산란하고 있나?

일벌 애벌레들이 보이면 확실하다. 그러나 애벌레가 없다고 걱정할 필요는 없는데 아직 산란하지 않았기 때문이다. 이런 경우에는 몇 주 뒤에 내검을 반복하면 된다. 꿀벌 무리가 얌전하게 지낸다면 여왕벌이 있는 게 분명하다. 여왕벌이 없는 꿀벌 무리는 꿀벌들이 여기저기 날아다니거나 빠르게 날아오르며 몹시 불안해하고 울부짖는 소리를 낸다. 이 시기에는 수벌 방에 알이 있거나 왕대가 만들어지는 경우가 드물다. 만약 이런 일들이 일어났다면 여왕벌이 없는 상태일 것이다.

대처 방법: 어린 꿀벌들과 여왕벌이 있는 꿀벌 무리와 합하거나 옆에 있는 꿀벌 무리와 합친다. 이를 합봉이라고 한다.

꿀벌들의 봉구 바로 옆에 먹이를 잔뜩 저장한 벌집이 있다.

먹이는 충분한가?

먹이가 충분히 저장된 4~6개의 벌집이 있어야 한다. 외부 온도가 계속 낮은 상태에서 봉아권이 넓어지면 먹이 소비량이 증가한다. 저장된 먹이가 부족하다면 비축량이 많은 다른 꿀벌 무리의 벌집 몇 개를 꺼내 부족한 무리가 모여 있는 곳에 넣어준다.

꿀벌 무리의 규모는 정상인가?

벌집 간격이 2~3개 이하인 꿀벌 무리는 위험할 정도로 개체수가 적다. 이런 경우에는 그저 꿀벌이 살아남기를 기대하며 기다리거나 다음과 같은 조치들을 취할 수 있다.* 첫째, 이웃 벌통에 있는 다른 꿀벌 무리와 합친다. 둘째, 격리판을 놓고 세력이 강한 꿀벌 무리에 의존하게 한다. 셋째, 더 강한 세력의 꿀벌 무리와 위치를 바꾼다(수집벌들의 교환).

벌통에서의 작업

빈 벌집틀 제거: 특히 바깥쪽에 있고 곰팡이가 생긴 벌집틀은 즉시 벌통에서 빼낸다. 꿀벌들이 아직 집을 짓지 않았기 때문에 테두리 쪽 벌집틀을 문제없이 제거할 수 있다. 꿀벌들이 상자들 중 한 곳만 차지하고 있는 경우도 일부 있다. 그러면 대개는 아래쪽에 있는 빈 상자를 완전히 치워 놓았다가 나중에 호랑버들이 필 무렵에 산란하지 않은 밝은 색 벌집(예를 들면 채밀이 끝난 꿀 벌집)을 넣은 상자를 올려놓는다.

쥐 철망 제거: 꿀벌들이 수집한 꽃가루 뭉치가 철망에 걸려서 떨어지기 쉽기 때문이다. 결국 꿀벌들이 한 일이 무의미해진다.

벌통 바닥 청소·교체: 벌통 바닥에 죽은 꿀벌들이나 밀랍 조각이 많이 떨어져 있으면 바닥을 깨끗하게 청소해야 한다. 배설물과 오물로 심하게 더럽혀진 바닥은 깨끗한 바닥으로 교체한다.

빈 벌집틀 넣기: 세력이 강한 꿀벌 무리는 이때부터 벌써 벌집을 짓기 위해 빈 벌집틀이 필요하다.** 그러나 봉아권과 간격을 충분하게 두어야 한다. 예를 들면 첫 번째 봉아 벌집 뒤에 있는 것은 첫 번째 먹이 저장 벌집 다음이 좋다. 바로아 응애 방제에 대한 자세한 내용은 나중에 설명할 것이다.

---

* 초봄의 약군이 강해질 때까지 기다리는 것은 무리이다. 옆에 있는 강군과 합봉하는 편이 훨씬 이익이다.
** 국내에서는 아무리 세력이 강한 꿀벌 무리를 갖고 있다 해도 이때 벌집을 지어서는 안 된다.

> **첫 번째 내검은 짧게 한다!**
>
> 벌통 안의 온도가 크게 떨어지지 않도록 주의해야 한다. 첫 내검 때는 반드시 노련한 양봉가의 조언을 받아야 한다. 예전에는 첫 내검을 더 늦게, 즉 4월에야 실시했다. 그러나 내검을 빨리 하면 문제가 발생해도 조기에 간단하게 해결하고 꿀벌 무리가 최적의 상태로 성장하도록 도울 수 있는 장점이 있다. 먹이가 부족해서 꿀벌 무리가 굶주리면 더 이상 소생시킬 수 없다. 그래서 나는 까치밥나무속이나 구즈베리 꽃이 피는 4월에 처음으로 내검하라는 규칙을 엄격하게 지키지 않는 편이다.

꿀벌 무리의 성장

3월에서 6월 말까지

어린 꿀벌들이 어른벌이 되어 벌집 방을 빠져나오는 경우가 증가하고 겨울벌들은 죽어가면서 꿀벌 무리는 점차 세대가 교체된다. 봄맞이 기간인 이 시기는 5월까지 지속될 수 있다. 애벌레들과 꿀벌들의 수는 6월 말, 7월 초까지 증가한다(꿀벌 무리의 상승 발전).

생식 개체(수벌과 여왕벌)들이 태어나면서 꿀벌 무리는 이 시기에 자연적인 분할(분봉)을 위한 토대를 다진다. 그러려면 꽃가루와 꿀처럼 먹이가 충분히 비축되어 있어야 하는데, 이는 분봉하는 무리나 남아 있는 무리에게 양식이 필요하기 때문이다. 그러나 양봉가들은 꿀 수확량이 줄어들까봐 대부분 분봉을 억제시킨다.

양봉가가 할 일

꿀벌 무리의 수가 지속적으로 증가하면 양봉가는 4월 말에서 5월 초부터는 일주일 간격으로 분봉을 규칙적으로 관리해야 한다. 그래야 꿀벌 무리의 성장을 조종하면서 분봉도 막을 수 있다. 9일 간격으로 내검하는 것도 가능하다. 분봉을

꿀벌 무리가 넘쳐난다. 공간을 넓혀야 할 때이다.

제때 억제하고 왕대에서 새 여왕벌들이 빠져나오는 것을 막을 수 있으면 된다.

단상 꿀벌 무리를 2층으로 올리기: 호랑버들이 피는 3월 말, 4월 초에 한다. 단상 벌통에 채밀을 마친 밝은 색의 빈 벌집들과 벌집기초를 배치한 상자(계상) 하나를 올려준다. 벌집기초만 넣어도 상관없다. 꿀벌들은 저절로 위쪽으로 올라간다. 그러나 산란 벌집과 애벌레 벌집은 절대 위쪽에 두지 않는다. 벌집 주변이 서늘해져서 모두 죽어버릴 수 있기 때문이다. 단상의 가장자리에 있던 먹이 저장 벌집을 2층에 올릴 때는 이 벌집들을 새 상자의 양쪽 가장자리에 배치한다. 그러면 꿀벌들은 아래쪽의 봉아권(제1 육아실)을 2층 중앙으로 확장해 나간다.

2층 꿀벌 무리 늘리기: 다음에 이어질 '꿀 저장실 올리기 부분'을 참조한다.

수벌용 벌집 잘라내기: 봉아권이 있는 각 상자마다 수벌용 빈 벌집을 넣어준다.

필요하다면 그곳에 만들어진 수벌의 뚜껑이 닫힌 애벌레방이나 번데기방을 잘라내 바로아 응애의 번식을 제한할 수 있다. 또한 수벌은 봉아의 일부(둘이나 셋으로 나누어진 벌집을 사용하면 좋다)만 어른벌이 되게 할 수도 있다. 이렇게 여왕벌과 짝짓기할 수벌들을 확보한다. 세력이 강한 꿀벌 무리에는 4월부터 맨 가장자리에 있는 봉아 벌집 옆에 빈 벌집을 배치할 수 있다. 반면에 세력이 약한 꿀벌 무리는 부화 온도를 유지하는 동안 불필요하게 스트레스를 받을 수 있다. 이렇게 되면 이들은 더 늦게 수벌을 생산한다.

과도한 먹이 저장 벌집을 제거하기: 꿀벌 무리의 먹이 소비량은 해마다 다르고 각 꿀벌 무리마다 차이가 난다. 또한 외부 온도와 산란 활동에도 좌우된다. 애벌레들을 돌보고 벌집의 온도를 유지하는 데는 에너지가 많이 소비된다. 따라서 먹이가 필요하다. 먹이가 저장된 벌집을 제거할 때, 날씨가 좋지 않은 시기에 대비하여 먹이를 항상 충분히 남겨야 한다. 5월에는 각 상자마다 먹이 벌집이 두 개면 충분하다. 반면에 이른 봄에는 먹이 벌집이 넘치도록 많으면 봉아권을 넓히는 데 방해가 된다. 따라서 너무 많은 먹이 벌집은 제거해야 한다. 물론 이 벌집들은 어린 꿀벌들로 새 무리를 형성할 때 사용하면 된다.

꿀벌 거처 옮기기: 이 단락에서도 분명히 알 수 있듯이 모든 꿀벌 무리가 벌통 안에서 최적의 위치에 자리를 잡고 있지는 않다. 꿀벌들의 거처를 바꾸는 방법은 후에 다시 언급할 것이다.

벌통 바닥 닫기: 일부 양봉가들은 새로 형성된 어린 꿀벌 무리는 물론이고 왕성하게 꿀을 생산하는 꿀벌 무리에도 바로아 패드를 넣어준다. 그러나 이 과정에서 곰팡이가 생길 위험이 커진다. 그래서 많은 양봉가들이 날이 따뜻한 5월부터는 공기가 잘 순환되도록 바로아 패드를 제거한다. 이 패드에는 개미들뿐만 아니라 각종 부수 물질을 먹고 번식하는 부채명나방 같은 벌레들도 있다.

먹이 벌집이 너무 많으면 상자에서 꺼낸다.

벌집틀에 달라붙은 밀랍은 항상 제거한다. 이때 꿀벌이 짓눌리지 않게 조심한다.

아래쪽 상자에 연기를 불어넣는다.

빈 벌집과 벌집기초를 넣은 새 상자를 올린다.

■ 꿀 벌집　□ 수벌용 벌집　■ 꽃가루 벌집　■ 봉아 벌집　▭▭▭ 격리판

봄에서 가을까지의 꿀벌 무리의 증가와 감소

> **자극 사양은 괜찮을까?**
>
> 일부 양봉가들은 이른 봄에 꿀벌들에게 당액을 공급하거나 내검 칼로 벌집의 먹이 방들에 살짝 금을 긋는 방식으로 자극 사양*을 실시한다. 꿀벌들의 산란 활동을 촉진하기 위해서이다. 그러나 이에 대해 반대하는 의견도 있다. 산란 시기와 방법은 꿀벌들 스스로가 가장 잘 알고 있다는 것이다. 간혹 자극 사양은 지나치게 왕성한 산란 활동을 야기할 수 있고, 날이 갑자기 추워지면 꿀벌 무리가 큰 위험에 빠질 수 있다.

꿀 저장실 올리기

벚꽃이 피는 5월 초순**

양봉가가 할 일

- 이 시기에는 아주 많은 먹이 벌집을 육아실에서 꺼내야 한다. 벌집의 규모

---

* 이른 봄의 무밀기에 일벌과 여왕벌에게 당액을 공급하여 산란을 북돋우는 일을 의미한다.
** 독일과 한국의 벚꽃 개화 시기(4월 초순경)는 약 한 달 정도 차이가 난다.

꿀 저장실을 올리면서 양봉가의 기대감도 커져만 간다.

2층 육아실의 상단 막대에 눌러 붙은 밀랍 뭉치들을 깨끗하게 제거해야 한다.

격리판은 여왕벌이 육아실에서 벗어나지 못하게 막아준다. 격리판 위에는 꿀 저장 상자를 얹는다.

와 밀원 식물의 상황에 따라서 각 육아실 가장자리에 놓을 벌집으로서 덮개가 덮인 먹이 벌집을 두 개 이상 남기면 안 된다. 먹이 벌집에 있는 꿀벌들을 잘 쓸어낸 뒤 꿀벌들이 접근하지 못하게 해서 최대한 서늘한 상태로 보관하고, 이 벌집은 나중에 새 꿀벌 무리를 형성할 때 사용한다.

- 2층 육아실의 벌집틀 상단 막대에 달라붙은 밀랍을 깨끗하게 제거하고 격리판을 놓은 뒤 그 위에 꿀 저장 상자를 올린다. 여왕벌은 몸집이 커서 그 격리판을 통과할 수 없다. 따라서 여왕벌이 꿀 저장실에 산란하는 일은 없다. 그리하여 꿀 저장실과 육아실이 분리된다.
- 아직 추운 초봄에는 꿀벌들이 격리판을 지나 위로 올라가려 하지 않을 수도 있다. 이는 갓 채워진 꿀이 육아실에만 저장되어 있는 것을 보고 확인할 수 있다. 이런 경우에는 약 1~2주 동안 격리판을 치우고 꿀벌들이 꿀 저장실로 꿀을 가져올 때까지 기다린다. 그 후에 다시 격리판을 놓는다. 이때는 여왕벌이 꿀 저장실로 들어가지 않도록 철저히 주의해야 한다. 여왕벌을 찾는 일이 어렵다면 2층 육아실의 꿀 저장 벌집에 있는 꿀벌들을 비로 쓸어내릴 수 있다. 그런 다음에 격리판을 놓고 그 위에 꿀 저장실을 올리면 된다.

새 꿀벌 무리 형성하기

5월 중순 이후

육아실의 벌집을 이용하거나 인공 분봉하기

꿀벌 무리가 증가하면서 벌집의 공간이 좁아지면 꿀벌들은 자연적으로 분봉하

이 꿀벌들은 농구대로 분봉했다. 그래서 꿀벌 무리를 포획할 때 방해가 되는 나뭇가지들이 없다. 그러나 학교 운동장이기 때문에 신속하게 포획해야 한다.

려고 한다. 이때 미리 조치를 취하면 꿀벌들의 분봉열*을 억제할 수 있다. 대부분의 양봉가들은 분봉한 꿀벌들을 포획해야 하는 상황을 좋아하지 않는다. 따라서 분봉을 막으려면 세력이 강한 꿀벌 무리의 육아실에서 각 발전 단계에 있는 봉아 벌집과 그 위에 앉아 있는 꿀벌들을 꺼내어 새 벌통에 넣거나(봉아 핵군 내기에 대해서는 나중에 상세하게 다루게 된다) 인공 분봉으로 많은 수의 꿀벌을 한꺼번에 다른 벌통으로 옮긴다. 이것으로 분봉열을 억제하고 동시에 바로아 응애의 증식도 막을 수 있다.

---

* 한 봉군의 규모가 커짐에 따라 벌집의 공간이 부족하여 분봉하려 할 때 나타나는 증세 또는 현상이다.

채밀기에서 흘러나온 '황금 액체'가 체에 걸러진다.

밀랍으로 덮은 벌집 덮개를 아래에서 위로 밀어 제거한다. 벌집 가장자리 쪽도 옆으로 밀어 제거한다.

분봉한 꿀벌 포획과 분봉 관리

4월 말 혹은 5월 초

원하든지 원치 않든지 간에 언젠가는 꿀벌 무리 일부가 분봉해 나뭇가지나 관목에 떼 지어 매달리는 일이 발생한다. 또는 모르는 장소에서 주인 없는 벌떼를 잡아달라는 요청을 받기도 한다. 분봉한 꿀벌을 포획하는 작업은 긴장되고 흥분되지만 매혹적인 경험이기도 하다. 보다 자세한 내용은 뒷 부분에서 언급할 것이다.

첫 번째 봄꿀 수확

대부분 5월 말 혹은 6월 초

모든 조건이 좋은 상황에서는 첫 번째 꿀 저장실이 빠르게 채워지지만, 꿀벌들에 의해 더 숙성되는 시간이 필요하다. 꿀방이 있는 벌집이 전체적으로 덮개가 덮였다면 이는 채밀기에 넣어 꿀을 수확할 수 있는 상태가 된 것이다. 꿀을 수확하는 작업 과정은 나중에 살펴보기로 한다. 꿀을 수확하고 나서는 채밀이 끝난 벌집들을 저녁에 다시 상자에 넣어 격리판 위에 올려둔다. 그러면 꿀벌들은 벌집을 수선하고 좋은 조건에서 곧바로 다시 꿀을 채운다.

꿀벌 무리의 하강 발전
7월 초·중순

- 이때부터는 더 이상 분봉이 일어나지 않기 때문에 임의 추출하여 벌통을 살펴보거나 특별한 계기가 있을 때만 내검을 시행한다. 대략 6월 말부터는 규칙적인 분봉 관리가 끝난다. 곧 생식 개체들이 불필요해지고, 꿀 수집이 끝나면 수벌을 축출하고 수벌 집단이 죽음을 맞이한다. 수벌들은 더 이상 필요 없는 존재가 되어 벌통 밖으로 쫓겨나 집 밖에서 떠돌다가 생을 마감한다.
- 꿀이 풍부한 시기가 지나면 남의 벌통에서 꿀을 훔치는 도둑벌이 발생할 위험이 커진다. 그래서 꿀이 부족한 6월과 장마와 무더위가 기승을 부리는 7월과 8월에는 벌통문을 좁게 열어두어야 하고, 작업할 때 도둑벌이 생기지 않도록 조심해야 한다.
- 꿀벌 무리에서 지금부터 10월까지는 점점 수명이 긴 꿀벌이 태어난다. 물론 외부 기온에 따라 차이가 있다. 유모 활동을 하지 않는 일벌들은 수명이 길어진다. 이 벌들은 꽃가루를 풍부하게 섭취함으로써 몸에 지방을 충분하게 저장한다. 꿀벌 무리는 프로폴리스 수집량을 늘려서 벌집과 벌집 틀 여기저기에 바른다. 만약 손가락이나 장갑이 끈적거린다면 프로폴리스를 만진 게 틀림없다.

두 번째 여름꿀 수확

대부분 7월 중순·말

여름꿀 채밀은 대부분의 양봉가들이 마지막으로 꿀을 얻는 과정이다. 도둑벌을 막기 위해서는 이른 아침이나 저녁에 벌집을 꺼내 와야 한다. 채밀이 끝난 벌집을 벌통에 다시 넣어주는 것도 같은 이유로 저녁에 하는 것이 좋다. 어떤 양봉가들은 아예 벌집 넣어주는 것을 포기했다가 9월이나 다음해에 채밀이 끝난 벌집을 늘릴 때 돌려주기도 한다.

야생화인 칼루나 불가리스(일반적으로 헤더라고 부른다) 꿀이나 전나무꿀처럼 9월에 가을꿀을 수확하는 일은 경험이 많은 양봉가에게 적합하다. 이것 때문에 여러 가지 후속 작업이 지체되기 때문이다. 가을꿀을 수확하는 양봉가들에게는 바로아 응애를 퇴치하는 뛰어난 전략과 풍부한 경험이 필요하다.

늦여름의 관리

마지막 수확 이후 바로 시작

벌통 축소: 꿀벌들은 이제 많아봤자 상자 두 개 정도의 공간만 필요하다. 여왕벌의 산란양이 감소하여 어떤 무리는 봉아 벌집이 있는 상자 하나에 몰아넣을 수도 있다. 그런 다음에 꿀을 수확하고 난 빈 벌집들이 든 상자를 그 위에 얹어 놓는다.

벌통을 축소한 뒤 벌통문과 착륙판 아래쪽에 꿀벌들이 떼로 매달려 있는 경우가 생기지만 걱정할 필요는 없다. 할 일 없는 나이 든 여름벌들이 조만간 죽을 거라는 신호이다.

벌통 바닥 검사와 바로아 응애 방제: 바닥 검사를 해서 바로아 응애 상황을 검사하고 바로아 응애 방제와 겨울나기용 꿀 확보를 위한 사양을 교대로 실시한다.

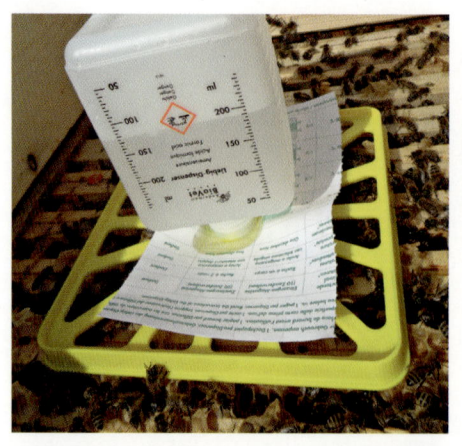 

개미산으로 바로아 응애를 퇴치하는 동안에는 먹이를 주지 않는다.

투명한 뚜껑이 달린 사양통에 사양액을 공급한다.

응애 피해가 심각할 때는 먼저 응애를 방제하도록 한다.

겨울 사양: 동면기를 버티도록 꿀벌 무리에 사양액이나 사양떡(꿀과 가루 설탕을 섞어 떡처럼 반죽한 먹이)을 공급한다. 꿀벌들은 날이 추운 겨울에는 먹이를 섭취하지 않는다. 따라서 먹이를 가공하지도 못한다. 즉 걸쭉하게 만들지 못한다.

겨울에 대비하는 마지막 내검

약 10월경

초봄에 실시하는 첫 번째 내검과 마찬가지로 한 해의 마지막에 하는 내검도 기온이 낮기 때문에 신속하게 작업해야 한다. 가장자리부터 꿀벌 무리의 거처를 훑어보면서 다음과 같은 사항들을 확인한다.

불필요한 벌집: 빈 벌집들과 꽃가루방이 있는 벌집과 벌집기초를 반드시 치워

야 한다. 날이 추운 겨울에는 꿀벌들이 봉구를 형성하는 데 매우 큰 장애물이 될 수 있다. 이 경우 필요한 먹이가 장애물 뒤에 있어서 꿀벌들이 굶어죽을 수 있다.

여왕벌의 유무: 꿀벌 무리에 아무런 동요가 없고 여왕벌의 알들이 있다면 모든 것이 정상이다. 여왕벌이 없을 때는 새로 형성된 꿀벌 무리나 옆에 있는 꿀벌 무리와 합친다.

먹이 양: 남아 있는 먹이 양을 확인하고 필요한 경우에는 설탕 시럽과 같은 먹이를 공급하거나 다른 꿀벌 무리에 많이 남아 있는 먹이 벌집을 넣어준다.

꿀벌 무리의 크기: 겨우 3~4개의 벌집만 차지하고 있는 꿀벌 무리는 최대한 다른 무리와 합치는 편이 좋다. 그렇지 않으면 추운 겨울에 이 꿀벌 무리를 잃을 가능성이 높다. 무리의 세력이 강할수록 살아남을 가능성도 높아진다. 세력이 약한 무리는 행운이 따라야만 살아남을 수 있다. 이는 날씨의 변화에 의해서도 좌우된다.

벌통 바닥: 바닥에 밀어 넣은 패드를 빼내면 바로아 철망이 있어서 아래쪽에서 통풍이 잘 된다. 그리고 꿀벌들의 거처가 서늘해지면서 벌통에 곰팡이가 생기는 것을 막을 수 있다.

쥐 철망: 벌통문 앞에 철망을 놓아서 동면기 동안 동물들이 꿀벌들을 방해하지 못하게 한다. 벌통 주변에 이미 쥐가 오지 않았는지 확인한다.

겨울철 바로아 응애 방제

11월 혹은 12월

벌통 바닥 검사: 원칙적으로 겨울철에 바로아 응애 방제를 실시하는 것이 좋다.

먹이를 공급한 꿀벌 무리의 무게를 수하물 저울을 이용해서 측정한다.

겨울철에 바로아 응애를 처리하기. 장갑을 끼고 옥살산 용액을 넣어준다.

그래야 꿀벌 무리가 최대한 응애가 적은 상태에서 다음해를 맞이할 수 있다.

바로아 처리: 겨울에는 옥살산 용액을 흘려 넣어주는 것이 현재로서는 가장 좋은 응애 제거 방법이다.

> **동면기**
>
> 꿀벌 무리는 10월부터는 밤에, 그리고 기온이 낮을 때는 낮에도 봉구를 형성한다. 산란 활동은 연말까지 감소한다. 꿀벌들은 저장된 먹이에 전적으로 의존한 채 지낸다. 기온이 영상 12도 이상일 때는 배설하거나 수집하기 위해 벌통 밖으로 나오기도 한다.

일탈에 대한 조치

앞에서 기술한 꿀벌 무리의 발전은 모든 조건이 최적의 상태인 경우에 이루어진다. 그러나 여러 가지 이유에서 일탈이 생길 수 있다. 여기서는 이에 대한 해결책과 대응책을 제시하고자 한다.

봄맞이와 겨울나기의 어려움

꿀벌 무리가 벌통 안에서 균형에 맞지 않고 제한된 공간에 자리 잡고 있으면 특히 이른 봄에 어려움을 겪고, 여름에도 문제가 된다. 이럴 때는 벌집을 바꿔 올려서 상황을 개선할 수 있다.

양봉 시기가 끝날 무렵 꽃가루 벌집이나 빈 벌집들, 벌집기초들로 인해 공간이 막히면 겨울에 봉구를 이룬 꿀벌들이 먹이 벌집으로 이동하지 못하게 된다.

가장 이상적인 구조

아래의 내용들은 한 꿀벌 무리가 어떤 식으로 구성되어야 좋은지를 소개한다.
- 봉아권은 가급적 하나 또는 두 개의 상자에서 통일체를 이루어야 한다.
- 꿀 벌집과 꽃가루 벌집은 봉아권 좌우로 가장자리에 놓여야 한다. 약 7월 중순부터 3월 말까지는 수벌용 벌집이 없어도 된다. 이 시기에는 수벌을 양육하지 않기 때문이다. 수벌용 벌집은 필요한 경우에 산란 벌집의 가장자리에 두는 것이 가장 좋다. 수벌용 벌집들이 더 빨리 지어져야 하는 경우에는 약 5월부터 봉아권 가운데로 넣어준다.
- 꿀벌 무리가 차지할 수 있는 만큼의 벌집과 상자가 마련돼 있다.

꿀벌 무리는 기온, 밀원 상황, 여왕벌의 산란 능력 등 외부 요인의 영향을 받아서 발전하기도 한다. 따라서 매년 조금씩 차이가 난다. 또한 양봉가가 취하는 조치에 따라 꿀벌들의 발전에 긍정적이거나 부정적인 영향을 줄 수 있다.

봄맞이와 단상 꿀벌 무리의 발전

단상 꿀벌 무리는 초봄에 제때 벌집을 늘려주어야 한다. 그렇지 않으면 봉아권

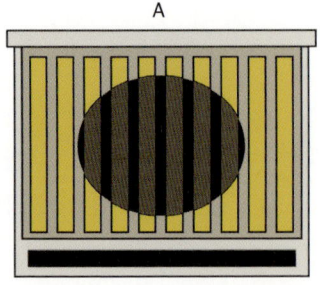 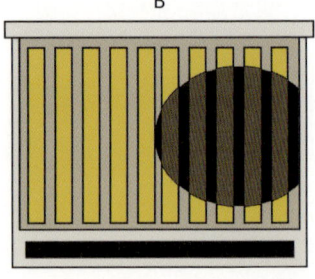

꿀벌들이 벌통 가운데에 자리를 잡은 최적의 상태(A)와 벌통 벽 쪽에 붙어 있어서 교정이 필요한 상태(B).

이 꿀이나 꽃가루 때문에 비좁아진다. 꿀벌들은 새 벌집을 짓고 싶어 한다. 꿀벌들의 집짓기 욕구를 이용해 최대한 많은 벌집기초에 벌집을 짓게 한다(분봉열을 억제한다). 오래된 벌집에는 병원균이 남아 있을 수 있고, 부채명나방 애벌레는 그런 벌집에 남은 고치 껍데기나 꽃가루를 갉아먹는 걸 좋아한다.

가장 좋은 상태(A)

봉아권이 상자 한가운데 놓여 있고, 어느 쪽으로든 퍼져 나갈 수 있다. 모든 벌집 간격이 제대로 들어차면 제2의 육아실로 꿀벌 무리를 확장할 수 있다.

문제가 있는 상태(B)

봉아권이 지나치게 상자 한쪽 벽에 붙어 있어서 모든 방향으로 퍼져 나갈 수가 없다.

그림에서 나타나는 것처럼 꿀벌 무리가 발전하는 데 방해가 될 수 있다는 점을 생각해야 한다. 이 경우에는 다음의 방법들 가운데 하나를 선택할 수 있다.

1. 봉아권에 방해가 되는 지나치게 많은 먹이 벌집들을 제거하고 빈 벌집들이나 벌집기초로 대체한다.
2. 벌집들의 자리를 바꿔 봉아권을 가운데로 옮긴다.

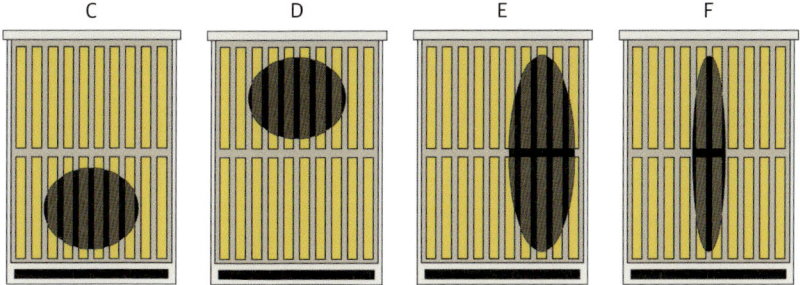

벌통에 빈 공간(C, D, F)이 있거나 너무 좁은 공간을 차지하고 있는 상태(E)는 바람직하지 않다.

3. 세력이 매우 약한 무리는 다른 무리와 합한다.

2층 꿀벌 무리의 봄맞이와 발전

가장 좋은 상태

보통의 세력을 가진 꿀벌 무리는 상자 두 개를 균형 있게 차지하고 있고 모든 방향으로 발전할 가능성도 있다. 꿀벌 무리가 두 개의 상자에 골고루 퍼져 있으면 무리를 확장할 수 있다. 다시 말해서 꿀 저장 공간을 얹을 수 있다.

문제가 있는 상태(C-F)

C 꿀벌 무리가 1층 상자만 차지하고 있다.

대처 방법: 아직 세력이 약하다면 2층 상자를 치운다. 꿀벌 무리의 세력이 충분히 강하다면 모든 것을 그대로 둔 채 지켜본다.

D 꿀벌 무리가 2층 상자만 차지하고 있다.

대처 방법: 꿀벌 무리를 그대로 두어도 괜찮다. 어두운 색 벌집들을 벌집기초로 대체한다. 1층에 빈 벌집을 두어 여왕벌을 아래로 유혹한다.

대안: 세력이 강한 꿀벌 무리와 상자만 교환한다. 꿀벌 무리의 세력이 약하다면 1층 상자를 치운다.

E 꿀벌들이 두 개의 상자를 차지하고 있지만 상자 가운데가 아니다. 따라서 봉아권을 모든 방향으로 펼쳐나갈 수가 없다.

대처 방법: 벌집 몇 개를 교환해서 꿀벌 무리가 상자 가운데를 차지하게 하고 필요한 경우에는 너무 많은 먹이 벌집을 빈 벌집으로 대체한다. 꿀벌 무리의 세력이 약할 때는 F의 경우와 동일하게 처리한다.

F 두 개의 상자에 분포된 꿀벌 무리의 세력이 너무 약하다.

대처 방법: 꿀벌 무리를 한 상자로 합치거나 완전히 흩어지게 한다.

세력이 약한 무리에 대한 조치

한 꿀벌 무리가 다른 꿀벌 무리에 비해 세력이 현저하게 약하다면 어떻게 도와야 할지, 차라리 해체하는 편이 나을지 고민해야 한다. 양봉장 주변의 상황에 따라 여러 가지 방법을 적용하다 보면 해가 갈수록 각 방법의 장단점을 터득하게 될 것이다. 아주 많은 꿀벌 무리를 키운다면 세심하게 보살피는 데 시간이 많이 필요할 것이다.

조치 A: 합봉하기

세력이 약한 무리는 더 약한 여왕벌을 제거한 뒤 다른 무리와 합한다.

필요한 도구: 기본 장비, 신문지, 못

작업 시기: 꿀벌들이 비행을 마친 저녁 시간

작업 과정

1. 강한 무리가 있는 벌통의 뚜껑과 비닐을 제거한다. 꿀벌 무리를 신문지 한 장으로 덮는다. 신문지는 미리 못을 이용해서 구멍 몇 개를 뚫어 놓는다.

2. 약한 무리를 신문지 위에 올린다. 꿀벌들은 신문지를 물어뜯고 찢는 동안 각 무리의 서로 다른 냄새에 익숙해진다.

3. 며칠이 지난 뒤에는 신문지를 제거해도 된다.

초봄에는 신문지를 놓지 않아도 꿀벌들끼리 서로 싸우는 일이 드물다. 어떤 양봉가들은 키친타올을 사용한다.

조치 B: 약한 무리 쓸어내기

세력이 약한 무리의 여왕벌을 제거한 뒤에는 다른 무리의 벌통문 앞에 있는 벌집을 비로 쓸어낸다. 사용할 수 있는 산란 벌집과 꿀 벌집은 다른 무리에 넣어 주거나 녹인다. 그러나 그 전에 약한 무리의 건강 상태부터 확인해야 한다. 바로아 응애가 많다면 먼저 응애 방제를 실시한다. 다른 질병의 조짐이 보인다면 그 질병이 해로운지 아닌지 확인한다.

필요한 도구: 기본 장비, 나무판

작업 과정: 약한 무리를 강한 무리의 벌통문 앞에서 나무판으로 쓸어내린다. 그러면 꿀벌들이 강한 무리가 있는 곳으로 날아 들어가 구걸하며 살아간다. 도둑벌이 발생하는 시기(7·8월, 9월 초)에는 조치 1에서 설명한 것처럼 합봉하는 편이 더 낫다. 비가 오거나 날이 추울 때는 꿀벌들이 움직이지 않는다.

조치 C: 약한 무리를 강한 무리 위에 올리기

2월에서 벚꽃이 필 때까지의 시기에는 약한 무리를 강한 무리 위에 올려놓는다.

필요한 도구: 격리판

작업 과정: 강한 무리가 있는 상자의 뚜껑과 비닐을 제거하고 격리판을 놓은 다음 약한 무리가 있는 상자를 그 위에 통째로 올린다. 그러면 격리판 하나로 분리되어 있는 여왕벌이 둘이 있음에도 불구하고 다행히도 더 강한 무리의 꿀벌들이 약한 무리를 보살핀다.

보강 끝내기: 수집하러 나가는 시간이 아닐 때 이전의 약한 무리가 있던 상자를 벌통 바닥이 딸린 최소한 3 km 떨어진 다른 거치대로 옮기는 것이 가장 좋다.

조치 D: 자리 교환하여 수집벌 보강하기

이 방법은 바구니에서 양봉할 때부터 이미 전통적으로 사용되었고, 약 3월부터 5월 말까지의 수집 활동 기간에 해야 한다. 이보다 더 늦은 시기에는 꿀벌들 사이에 싸움이 발생할 수 있다. 이 방법은 같은 벌통에서만 성공할 수 있다.

필요한 도구: 전혀 없다.

작업 과정: 약한 무리와 강한 무리의 자리를 서로 바꿔 놓는다. 비록 다른 꿀벌 무리가 있어도 수집벌들은 자신들의 원래 자리로 되돌아간다. 결국 약한 무리는 단번에 훨씬 많은 수집벌들을 갖게 되고, 강한 무리는 짧은 시간 내에 약한 무리를 보완할 수 있다.

조치 E: 꿀벌 무리 제거하기

벌통에 아주 적은 수의 꿀벌들만 남아 있을 때 이 꿀벌들을 구하려고 하는 행동은 동물을 사랑하는 그릇된 방법일 수 있다. 특히 이른 봄에는 세력이 매우 약한 꿀벌들의 배설물로 더러워진 벌집들은 유황을 이용해 살균 처리를 해야 한다. 이때 양봉 협회의 꿀벌 건강 담당 전문가의 도움을 받는 것이 좋다.* 이러한 조치는 매우 드문 경우에만 일어난다. 문제를 일찍 알아챌수록 그만큼 빠르고 적절하게 조치를 취할 수 있다.

---

* 우리나라에서는 질병관리본부 산하 기관이나 농림식품기술기획평가원 등에 요청하여 전문가의 조언을 구할 수 있다.

꿀벌 무리를 내검할 때 나타나는 문제 상황과 해결책

문제 상황	해결책
여왕벌이 왕대에서 나와서 어떻게 해야 할지 모를 때	여왕벌을 클립으로 포획한다.
여왕벌을 찾지 못할 때	여왕벌이 있다는 증거를 찾는다. 알(여왕벌알)들이 보이면 여왕벌도 있다.
벌집이 상자에서 비스듬하게 들리고 옆에 있는 벌집과 닿거나 꿀벌들이나 벌집의 일부가 짓눌릴 때	벌집을 수직으로 꺼낸다.
벌집을 상자에서 너무 빨리 꺼내 꿀벌들이 벌집에서 아래로 떨어질 때	시간을 두고 천천히 조심스럽게 작업한다.
상자에 벌집이 부족해서 꿀벌들이 빈 공간에 벌집을 마구 지어 놓을 때	조심스럽게 벌집을 제거한다. 연기를 피워 꿀벌들을 쫓은 뒤 벌집에 앉아 있는 꿀벌들을 비로 쓸어내리고 벌통끌로 벌집을 해체한다. 여왕벌이 여기에 산란했을 수 있으니 주의한다. 모든 꿀벌을 연기로 쫓을 때까지 기다린다.
상자를 얹거나 뚜껑을 덮어서 꿀벌들이 상자 모서리에 짓눌릴 때	상자를 얹기 전에 상자 모서리를 따라 여러 번 연기를 뿜어준다.
자리가 부족해 마지막 벌집을 상자에 넣지 못하거나 스페이서 사이에 불필요한 공간이 있을 때	벌집들을 더 바짝 밀면 마지막 벌집도 넣을 수 있다. 벌집에 있는 꿀벌들을 벌비로 쓸어내리고 제자리로 돌려놓으면 꿀벌들이 짓눌리지 않는다.

무리의 증가

분봉과
여왕벌

4

분봉의 모든 것

꿀벌 무리는 분봉하여 2배로 수를 늘린다. 옛 여왕벌은 무리의 약 절반을 데리고 벌통을 떠난다. 보통은 자신의 후계자인 첫 번째 여왕벌이 여왕벌방에서 나오기 전에 이루어진다. 벌통 밖으로 나간 꿀벌들은 가능하면 근처의 나무처럼 높은 곳에 모여 있다. 분봉한 꿀벌들은 몇 시간이나 며칠 동안 그곳에 매달린 채 새 거처를 찾는다. 거처가 마련되면 그리로 날아 들어가 산란과 육아를 위한 벌집과 먹이를 비축할 벌집을 짓기 시작한다. 남아 있는 무리에서는 가장 먼저 여왕벌방에서 나온 여왕벌이 다른 경쟁자들을 죽이고 며칠 뒤 결혼 비행에 나선다. 곧 산란을 하기 위해서다.

남아 있는 무리의 세력이 매우 강한 경우, 여러 마리의 젊은 여왕벌이 차례로 태어나 수집벌들을 이끌고 다시 분봉할 수 있다. 2차 분봉과 경우에 따라

여왕벌이 빠져나온 뒤 다른 여왕벌방들은 찢겨진다.

서는 3차 분봉까지도 여전히 세력이 강할 수 있다. 그러나 첫 번째 이후의 분봉은 대부분 규모가 작다.

재차 분봉한 꿀벌 무리에는 짝짓기하지 않은 여러 마리의 여왕벌이 포함되어 있을 수 있다. 그러나 그 수는 상당히 빨리 줄어든다. 각 무리에서 살아남은 여왕벌은 결혼 비행에 나선다. 분봉은 자연의 기적이자 바구니에서 양봉할 때 필요한 일이기도 했다. 그러나 현대 양봉에서는 작업상 사고로 여긴다.

분봉 요인

여러 가지 요인이 분봉열을 일으킨다.
1. 공간이 부족하고 먹이가 지나치게 많아서 분봉열이 일어난다. 벌집들은 알과 애벌레, 그리고 꿀과 꽃가루로 가득하고 벌집 간격은 꿀벌들로 들끓는다. 여왕벌이 산란할 자리가 거의 없다.
2. 젊은 꿀벌들이 젖을 풍부하게 생산한다. 그런데 여왕벌이 산란하는 양은 계속 증가하지 않기 때문에 젖을 먹을 애벌레가 없다.
3. 태어난 지 일 년 이상 된 여왕벌들은 젊은 여왕벌에 비해 분봉열을 잘 일으킨다. 물론 예외도 있다.
4. 유전적 요인에 의해 분봉열을 일으킨다. 잘 살펴보면 분봉을 잘 일으키지 않는 성질이 있는 꿀벌들을 선별할 수 있다.

분봉 기운

분봉할 것 같은 느낌과 그 강도는 다음과 같은 점들로 알 수 있다.
- 꿀벌들이 처음에는 여왕벌의 알이 없는 가짜 여왕벌방(헛왕대)을 짓는다. 거기서 더 나아가 왕대에서 산란이 이루어진다. 각 벌집에 왕대가 있는지

벌통을 기울이는 검사이다. 벌집 위아래에 만들어진 여왕벌 방들을 확인할 수 있다.

의 여부는 내검하면서 확인할 수 있다. 혹은 양봉 경험이 어느 정도 쌓인 경우에는 벌통의 육아실을 살짝 기울여서 확인할 수도 있다. 벌집을 기울여 여왕벌방 안을 들여다보거나 알이 있는지 살펴보려면 벌통끌로 왕대를 연다.

- 밀원이 풍부하지만 집짓기와 수집 활동이 줄어든다.
- 날씨가 좋은데도 수집벌들이 벌집 아래서 게으름을 피우며 수집 비행을 나가지 않는다. 꿀벌들이 낮에도 내내 벌통문 앞에 떼 지어 매달려 있다. 늦여름에도 이런 모습을 보인다.
- 꿀벌 무리에 뚜껑이 덮인 왕대가 이미 여러 개 존재한다면 더 이상 분봉열을 억제할 수 없다는 뜻이다.

 이때 왕대를 헐어내면 단기적으로 다시 분봉열을 멈출 수 있다.

분봉 기운을 억제하는 방법

분봉 기운이 일어난 직후에 대부분 벌집기초를 늘려주면 꿀벌들의 집짓기와 수집 욕구를 이용해서 분봉 기운을 다시 가라앉힐 수 있다.

- 꿀벌들에게 더 많은 자리가 생기도록 적절한 시기에 공간을 넓혀준다. 장기적인 효과는 없지만, 내검할 때 모든 왕대와 헛왕대를 제거한다. 7일에서 9일 주기로 꿀벌 무리를 살펴볼 때마다 똑같이 반복한다.
- 꿀벌들의 집짓기 활동을 자극하기 위해서 산란 벌집과 애벌레 벌집들 사이에도 벌집기초를 넣어준다.
- 산란 벌집과 꽃가루 벌집을 따로 떼어내 봉아 핵군과 예비 꿀벌 새 무리를 형성한다. 그것은 동시에 꿀벌 무리에 있는 바로아 응애 수도 축소시킨다.

이미 뚜껑이 덮인 왕대들이 존재한다면 단호하게 조치한다.

방법 A: 여왕벌을 분리하고 꿀벌 무리에 뚜껑이 덮인 왕대 하나를 남겨둔다. 여기서 새 여왕벌이 태어나기 때문이다. 새 여왕벌은 왕대에서 나오고 일주일 뒤에 결혼 비행에 나선다. 그리고 꿀벌 무리에 다시 분봉 기운이 일어날 수 있다.

방법 B: 골츠의 2 × 9일 방법에 따르면 여왕벌을 분리시킨 뒤 여왕벌이 없는 시기를 연장시킨다. 그 다음에 새 여왕벌을 키우거나 옛 여왕벌을 돌려주거나 둘 중 하나를 선택한다.

방법 C: 한 꿀벌 무리의 수집벌들을 다른 벌통으로 옮긴다. 수집벌들이 밖으로 나가 있는 동안 원래 벌통이 있던 자리에 새 먹이 벌집과 산란 벌집, 벌집기초가 들어 있는 벌통을 제공하거나 대규모 인공 분봉을 시도한다.

분봉열 상승과 대응책

꿀벌들의 분봉 행동은 연속적인 몇 가지 발전 단계를 보이지만 그 단계들도 영향을 받을 수 있다.

분봉한 꿀벌 무리는 주로 벌통 근처에 있는 나무나 관목에 매달려 있다.

꿀벌들은 날씨에 영향을 받아 뚜껑 덮인 왕대들을 다시 허물어 여왕벌 애벌레를 제거할 수 있다. 양봉가는 다음의 조치들로 분봉열에 영향을 줘서 분봉을 막을 수 있다. 분봉을 원한다면 그런 조치들을 취하지 않으면 된다.

예기치 못한 분봉에 깜짝 놀랐는가?

시간이 없어서 분봉한 꿀벌을 포획할 준비를 미처 하지 못했을 때는 임시방편으로 부족한 장비를 대체할 수 있다.

분봉한 벌떼를 담을 첫 번째 집으로 사용할 통으로 가로와 세로 그리고 높이가 적어도 30 × 30 × 40 cm인 종이 상자를 사용해도 문제없다. 일부 양봉가들은 분봉한 벌떼를 곧장 상자 안에 넣은 다음에 상자를 눈에 보이게 바닥에 놓

분봉의 징후와 조치

	분봉 위험	가벼운 억제 방법	강력한 억제 방법	확실한 분봉 방지 방법
헛왕대인 경우	긴급하지 않다	• 꿀벌 무리의 공간을 충분히 넓혀주고 집을 짓게 한다(벌집기초 보충). • 알과 애벌레, 번데기로 새 무리를 형성한다.	필요 없다.	필요 없다.
왕대 안에 알이나 둥근 애벌레가 있는 경우	약 10일 안에 곧 분봉한다.	충분하지 않다.	• 왕대를 부순다. • 공간을 넓혀 산란 벌집 사이에 교대로 벌집기초를 넣어준다.	• 왕대를 부순다. • 여왕벌을 꺼낸다(*). • 9일 뒤에 왕대를 하나로 줄이거나(**) 2 × 9일 방법을 적용한다.(***).
뚜껑이 덮인 왕대인 경우	매우 위험하다.	충분하지 않다.	충분하지 않다.	• 왕대를 부순다. • 여왕벌을 꺼낸다(*). • 9일 뒤 왕대를 하나로 줄이거나(**) 2 × 9일 방법을 적용한다(***).
여왕벌이 이미 나온 경우	이미 분봉했거나 막 분봉하려 한다.	충분하지 않다.	충분하지 않다.	• 옛 여왕벌을 찾을 수 있으면 인공 분봉으로 여왕벌을 분리한다. • 새 여왕벌들을 포획해 철망에 가둔다(****). • 입구가 막힌 왕대들이 있는 산란 벌집을 확보해 새 무리를 형성한다(****).

* 여왕벌 핵군 내기를 참조하자.
** 꿀벌 무리를 매우 심하게 줄인 경우 왕대 하나를 남겨두거나 옛 여왕벌을 꿀벌 무리에 되돌려준다.
*** 골츠에 따른 2 × 9일 방법: 9일 뒤에 모든 왕대를 허물고 하나의 산란 벌집을 제공하면서 여왕벌이 없는 상태를 연장한다. 다시 9일이 지난 다음에는 첫째, 이전의 산란 벌집에 있는 모든 왕대를 하나만 남기고 젊은 여왕벌을 무리에 남겨두거나 둘째, 모든 왕대를 부수고 옛 여왕벌을 왕롱에 가두어 사양떡 아래에 두어 먹게 하면서 꿀벌 무리에 되돌려준다.
**** 옛 여왕벌이 이미 분봉한 것인지, 왕대에서 나온 새 여왕벌들이 재차 분봉해 날아가고 남아 있는 여왕벌은 아직 뚜껑이 덮인 왕대 안에 들어 있는 것인지 상황이 불분명하다.

양동이와 벌비를 들고 분봉한 벌떼를 잡는다.   사다리 대신 포획 자루를 매단 장대를 이용한다.

는다. 종이 상자에는 지름이 적어도 2 cm인 출입구를 쉽게 뚫을 수 있다. 나중에 상자를 운반할 때에는 테이프로 구멍을 막는다. 뚜껑도 마찬가지다. 상자는 없지만 그물망이 달린 양봉 모자가 있는 경우에는 양봉 모자로 분봉한 벌떼를 포획해 벌통으로 옮길 수도 있다. 다만 그물망이 촘촘한 상태여야 할 것이다. 임시 벌통에 있는 꿀벌 무리는 햇빛이 내리쬐는 곳에 방치하면 안 되고 그늘에 두어야 한다. 그렇지 않으면 머지않아 다시 집을 나간다.

분봉한 벌떼 포획하기

세심하게 관리했음에도 불구하고 꿀벌 무리는 분봉할 수 있고, 그것은 자연스러운 일이다. 특히 봄과 여름에 비가 오는 시기가 길어지면 양봉가는 내검을 포기한다. 꿀벌들은 그 기회를 이용해 아주 빠르게 여왕벌 방들을 짓는다. 또는 내검을 하더라도 벌집 구석에 숨겨져 있는 여왕벌 방을 미처 발견하지 못해 일어나는 경우도 있다.

필요한 도구: 빈 양동이, 빈 벌통이나 인공 분봉을 위한 상자, 상자를 덮을 천, 분무기, 사다리, 필요한 경우 나뭇가지를 자를 가위. 신속하게 행동하지 않으면 분봉한 벌떼가 곧 다른 곳으로 날아간다.

사다리를 싫어하는 사람은 양봉용품점에서 판매하는 분봉 포획 자루를 매단 장대를 사용하자. 장대로 높은 곳에 자유롭게 매달려 있는 분봉 벌떼를 잡을 수 있다. 양봉가의 입장에서는 어쨌든 사다리보다 안전하다.

작업 과정

1. 분봉한 벌떼가 자리를 잡고 봉구를 형성하자마자 분무기로 물을 충분히 뿌려준다. 그러면 꿀벌들의 상태가 진정되고 날개가 젖어서 쉽게 날아갈 수 없다.
2. 양동이 또는 분봉 상자를 봉구 바로 아래에 놓는다. 나뭇가지를 벌비로 쓸어내려 봉구가 양동이로 떨어지게 한다.
   대안: 나뭇가지를 흔들어 봉구를 양동이로 떨어뜨린다. 경우에 따라서 봉구에 가까이 다가가기 위해서 나뭇가지들을 미리 잘라내야 할 수도 있다. 때로는 봉구가 매달린 나뭇가지째로 자르는 것도 가능하다.
3. 분봉한 벌떼를 단번에 빈 벌통, 또는 인공 분봉 상자에 털어 넣은 다음 분봉한 벌떼가 매달려 있던 자리가 보이게 출입구를 열어둔 채 상자를 바닥에 놓는다.
4. 여왕벌이 상자에 있으면 나머지 꿀벌들 모두가 뒤를 따라온다. 그렇지 않으면 꿀벌들이 다시 날아가 나무 주변에 모이게 되고, 포획 과정을 한 번

분봉한 꿀벌 무리에 물을 뿌린다.   분봉 상자를 봉구 바로 아래에 놓는다.   어두운 곳에 두었던 분봉 상자를 연다.

더 반복해야 한다.

5. 꿀벌들은 약 1시간 뒤에 상자에 모이고 벌통 밖에도 모여 있다. 분무기로 물을 뿌려 밖에서 기다리는 꿀벌들이 안으로 들어가게 한다. 상자 덮개를 닫는다. 환기 면적이 넓으면 꿀벌들의 요란한 움직임을 막을 수 있다. 꿀벌 무리를 약 24시간(*) 동안 서늘하고 어두운 곳에 둔다. 이 시간 동안 꿀벌들은 자신들이 비축한 먹이를 먹어치운다. 이 기회를 이용해 분봉한 꿀벌 무리에 바로아 응애 방제 처리를 해야 한다.

(*) 일부 양봉가들은 저녁 때까지만 그렇게 한다. 그러나 어두운 곳에 두는 시간이 짧을수록 다시 분봉할 위험은 더 커진다.

분봉한 벌떼를 바로 벌통에 넣는다.   꿀벌들이 벌집기초 위로 가도록 분봉 상자를 비운다.

포획한 벌떼를 새 집으로 옮기기

필요한 도구: 기본 장비와 벌통 바닥, 뚜껑, 비닐, 벌집기초를 넣은 상자, 필요한 경우 먹이 상자나 빈 상자, 설탕물 2~5 L

작업 과정

1. 24시간 동안 어두운 곳에 두었던 포획한 벌떼를 원하는 장소로 데려간다. 그곳에 벌통 바닥을 넣고 벌통문을 열어 놓은 빈 상자를 미리 준비해 두어야 한다.
2. 분봉 상자를 열면 꿀벌들은 처음에 뚜껑 아래에 떼로 매달려 있다. 그 꿀

어두운 곳에 두었던 포획한 벌떼를 곧바로 새 벌통 안으로 들여보낸다.

벌들을 그대로 빈 벌통 안으로 집어넣고, 분봉 상자에 있는 나머지 꿀벌들도 안으로 들어가게 한다.
3. 빈 벌통에 벌집기초들을 넣는다. 이때 꿀벌들이 짓눌리지 않게 조심한다.
4. 비가 오거나 충분한 밀원이 없는 곳에서는 분봉한 꿀벌들에게 즉시 사양액을 공급한다. 그리고 벌통을 비닐과 뚜껑으로 덮는다. 약 7일 뒤에 여왕벌의 유무(산란 여부)와 집짓기 활동을 확인하기 위해 내검을 실시한다. 이때 벌집이 비어있으면 여왕벌이 없다는 뜻이다. 꿀이 없으면 계속 사양을 하고 적절한 시기에 벌집기초를 넣은 상자 하나를 더 늘려준다. 자연 분봉은 벌집을 확장하는 가장 좋은 방법이다. 최초의 분봉은 10일 정도, 재차 분봉은 약 14일 정도가 걸린다.

여왕벌이 왕대를 열고 빠져 나왔다.　　　　　왕대가 아래쪽으로 달려 있다.*

남겨진 꿀벌 무리의 분봉 관리하기

분봉이 일어난 무리는 대부분 비행 활동을 하지 않기 때문에 무리의 상황을 한눈에 파악하기가 어려울 수 있다. 경우에 따라서 아직 방에서 나오지 않았거나 부분적으로 빠져나온 여러 개의 왕대를 발견할 수 있고, 최악의 경우에는 벌집에 여러 마리의 젊은 여왕벌이 있을 수도 있다(여왕벌은 왕롱에 가두거나 짝짓기 상자에 나누어 넣는다). 때로는 분봉으로 여왕벌을 잃는 경우도 있다.

　　뚜껑이 덮인 여러 개의 왕대를 발견한다면 하나만 남기고 나머지는 제거한다. 약 2주 뒤에는 젊은 여왕벌이 낳은 알들을 찾을 수 있다. 그렇지 않으면

---

*　　미완성 왕대를 의미한다.

여왕벌 검사를 실시해야 한다.
- 날씨가 좋지 않은 시기가 지속되면서 저장된 꿀이 모두 소진되었다면 사양을 하거나 먹이 벌집을 넣어준다.
- 젊은 여왕벌을 새로 형성된 핵군에 있는 여왕벌처럼 다루어야 한다. 다시 말해서 여왕벌에 표시를 하고, 봉아권과 꿀벌들의 성질을 관찰한다.
- 꿀벌 무리가 불안해하는 등 상태가 좋지 않다면 젊은 여왕벌을 다른 여왕벌로 교체한다. 그러나 꿀벌 무리가 일벌들로부터 새 여왕벌을 만들어낼 때까지는 시간이 필요하기 때문에 곧바로 실행해서는 안 된다.

독일의 법률
- 소유자가 분봉한 꿀벌을 즉시 뒤쫓지 않거나 뒤쫓는 것을 포기한다면 그 꿀벌 무리는 주인이 없는 것으로 간주된다(독일 민법 제961조).
- 관습법적으로 습득한 분봉 무리에 표시하여 벌에 대한 소유권을 얻을 수 있다. 분봉한 꿀벌 무리의 소유자는 꿀벌을 뒤쫓는 과정에서 다른 사람의 토지에 발을 들여놓을 수 있다. 이때 발생하는 손해는 배상해야 한다(독일 민법 제962조*).

---

* 이 부분의 법률은 국내와 매우 다르다. 주변에 분봉된 벌이 며칠 동안 있더라도 이 벌의 소유권은 주인에게 있다.

여왕벌에 관한 모든 것

꿀벌들을 살펴볼 때는 벌집을 검사한 뒤 여왕벌이 앉아 있는 벌집을 꿀벌 무리에 돌려주거나 벌집 거치대에 잠시 세워놓을 수 있다. 이때 여왕벌이 짓눌려 다치지 않게 하고 아주 젊은 여왕벌들이 날아가지 않게 하는 것이 중요하다.

보다 안전하게 하려면 여왕벌을 클립으로 포획해서 클립을 치워두거나 이미 내검이 끝난 벌집이나 벌집 거치대에 놓는 방법이 있다. 내검을 모두 마치고 꿀벌 무리를 다시 원래의 자리로 돌려놓았다면 벌집 간격에다 여왕벌을 풀어준다.

여왕벌 검사하기

여왕벌을 잃은 꿀벌 무리는 왕대를 만드는 것으로 여왕벌이 없다는 사실을 드러낸다. 여왕벌이 있는 무리는 분봉열이 있는 경우에만 왕대를 만든다. 따라서 초보자도 꿀벌 무리에 여왕벌이 있는지 없는지 쉽게 확인할 수 있다. 여왕벌이 없다는 추측의 근거는 대부분 여왕벌의 알과 애벌레가 없다는 점과 꿀벌 무리의 불안한 움직임에 있다. 벌집에 앉은 꿀벌들은 우는 소리를 내며 불안하게 이곳저곳을 돌아다닌다.

여왕벌 검사를 위한 작업 과정

1. 이웃 꿀벌 무리에서 아직 벌집 방이 열려 있는 환한 일벌들의 벌집을 벌비로 쓸어내린다. 이 벌집에는 여왕벌의 알이나 애벌레가 있다.
2. 이 산란 벌집을 여왕벌이 없는 것으로 추정되는 꿀벌 무리의 가운데에 건다. 상단 막대에 압핀을 꽂는 등 표시를 해둔다.
3. 약 7일 뒤에 산란 벌집을 검사한다. 여러 개의 왕대가 만들어졌다면 여왕벌이 없는 것이 분명하다. 왕대를 찾지 못했다면 아직 교미를 하지 않았거

여왕벌은 방향 물질을 내뿜어 자신의 존재를 드러낸다.

클립으로 여왕벌을 조심스럽게 포획한다(왼쪽). 일벌들이 자신들의 여왕벌을 보살핀다(오른쪽).

여왕벌 검사

여왕벌 검사 결과	양성: 왕대가 붙어 있다.	음성: 왕대가 없다.
꿀벌 무리의 상황	여왕벌이 없다.	여왕벌이 없지는 않다. 교미를 하지 않았거나 갓 교미를 한 여왕벌이 있다(또는 왕대가 다른 벌집에 있다).
계절, 무리의 규모에 따른 결과	• 왕대 하나만 남기고 나머지는 부순다. 여왕벌을 키운다. • 모든 왕대를 부수고 여왕벌을 왕롱에 넣어둔다. • 꿀벌 무리를 합치거나 해체한다.	• 무리를 관찰하면서 새 여왕벌이 교미하기를 기다린다. • 여왕벌을 찾아보고 그대로 두거나 다른 여왕벌로 교체한다.

나 교미를 한 여왕벌이 있다는 뜻이다. 여왕벌이 산란을 하지 않은 이유는 불분명하다. 날씨 때문에 산란을 멈춘 것일 수도 있고, 꿀벌들이 조용히 여왕벌을 교체해 꿀벌 무리에 아직 교미를 하지 않았거나 갓 교미를 한 젊은 여왕벌이 있을 수도 있다. 이런 경우에는 계절에 따라 4월에서 7월까지의 기간 동안 갓 낳은 알을 찾을 때까지 기다려야 한다. 다른 여왕벌을 들여보내고 싶다면 그 전에 새 여왕벌을 찾아야만 한다. 이때는 또 다른 양봉가의 도움을 받아야 한다.

여왕벌 교체하기

여왕벌은 보통 2년에서 3년 동안, 예외적인 경우에는 4년 동안 자신의 일을 훌륭하게 수행할 수 있다. 일반적으로 여왕벌의 나이가 어릴수록 더 활동적이다. 반면에 2년 이상의 나이가 든 여왕벌은 위험하다. 어쩌면 겨울에 죽어나갈 수도 있다.

여왕벌이 노화 현상을 보이거나 병이 들었을 때, 또는 더 이상 충분한 정자를 갖고 있지 않을 때 일벌들은 이 사실을 알아차린다. 그리고 만일의 경우

여왕벌이 없는 꿀벌 무리는 대부분 벌집 가운데에 여왕벌 방 여러 개를 만든다.

에 대비해 여왕벌 방을 만든다. 이때 그 수는 많지 않고 벌집의 가운데에 짓는다. 반면에 분봉열이 생길 때에는 여왕벌 방을 많이 짓고 가운데가 아닌 벌집의 가장자리에 만든다. 여왕벌 교체가 5월에서 7월 초 사이에 조용하게 일어날 때는 자연스럽고 안정적이다. 그러나 그 이전이나 이후의 시기에는 짝짓기할 수벌의 수가 너무 적거나 없다. 만약 여왕벌 방들을 실수로 부쉈다면 일주일 뒤에 새 왕대가 만들어졌는지 검사해야 한다. 그렇지 않으면 기존의 여왕벌을 새 여왕벌로 교체해야 한다.

불규칙적인 봉아권

산란 벌집에 벌집 방들이 비어 있거나 다른 식으로 덮여 있어서 봉아권이 불규칙한 형태를 보인다고 해도 그게 여왕벌의 상태가 나쁘다거나 늙었다는 증거는 아니다.

- 꿀과 먹이가 부족하면 여왕벌은 산란 활동을 줄이고, 일벌들은 알과 가장

어린 애벌레들을 먹어치운다. 일벌들은 이 과정에서 생명 유지에 필요한 단백질을 보충한다. 이런 카니발리즘은 자연스럽고 정상적인 조절 작용일 뿐이다.
- 근친교배로 인해 산란 방이 비었다.
- 밀원이 풍부해지면서 새 꿀을 저장할 공간이 부족하면 산란 벌집에 너무 많은 꿀이 저장되어 벌집이 막히는 일이 발생한다. 때때로 꿀벌들이 격리판을 통과해 위로 올라가지 않으려 하는 경우도 있다. 꽃가루가 너무 많이 쌓여도 산란 방들이 막힐 수 있다. 그 대응책은 벌통을 늘리는 것이다.
- 봉아는 알이나 애벌레 상태에서, 또는 입구가 막힌 번데기 단계에서도 질병으로 죽는다. 청소벌들이 죽은 봉아를 치우고 나면 그 방들은 다시 비게 된다. 이런 일을 겪은 뒤에는 질병의 원인을 밝혀야 한다.

여왕벌 표시하기

꿀벌 무리에 있는 여왕벌을 더 쉽게 찾기 위해서 여왕벌의 가슴에 번호 스티커를 붙이거나 색을 칠해 표시할 수 있다. 양봉용품점에서는 이 작업을 진행하는 데 필요한 여러 가지 도구를 판매한다. 초보자들은 선배 양봉가들의 도움을 받아 실행해야 한다. 아니면 수벌들로 먼저 연습해보는 방법도 괜찮다. 어떤 양봉가들은 손가락으로 여왕벌을 고정시킨 다음에 표시를 하고, 또 다른 양봉가들은 망과 밀대가 있는 여왕벌 표시용 포획통에 넣어 표시를 한다. 스티커를 이용해 표시하려면 사전에 반드시 연습을 해야 한다. 그렇지 않으면 간혹 여왕벌에 스티커를 붙이려고 시도할 때나 붙이고 난 뒤에 여왕벌이 기절하는 경우도 있다. 여왕벌은 포획통 안에서 곧 정신을 차릴 테니까 너무 걱정할 필요는 없다. 펜으로 색을 칠하는 경우 색깔은 1년 동안 유지되며 등과 날개에 표시하는 것이 가장 좋다.

여왕벌 양성

꿀 수집 활동이 왕성한 꿀벌 무리 이외에 대체 여왕벌들과 새로 형성된 어린 꿀벌 무리를 확보해 두어야 한다. 그래야 여왕벌을 잃은 경우에 새로 형성된 무리를 여왕벌이 없는 무리와 합치거나 대체 여왕벌을 투입할 수 있다.

어린 꿀벌 무리를 형성하려면 여왕벌들을 우선 양성해야 한다. 우수한 여왕벌을 선택해 키우는 일은 정해진 기준에 따라 전문 양봉가들에 의해 이루어진다. 가능하면 정기적으로, 또는 필요에 따라 전문 양봉가가 사육하는 애벌레나 양봉 교육장의 애벌레를 사용하는 것이 좋은데, 그래야 여러분이 키우는 꿀벌의 품종을 개선시킬 수 있기 때문이다. 여왕벌은 다음과 같은 특징이나 성질을 얻기 위해서 양성한다.

- 꿀벌들이 건강하고 활기차야 한다.
- 벌통을 내검할 때 꿀벌들이 항상 벌집에 조용히 앉아 있고, 온순하고, 공격적이지 않아야 양봉 작업도 즐겁게 할 수 있다.
- 꿀벌들이 활발한 특성을 가지고 집을 짓고 청소를 하도록 키우는 것 못지않게 바로아 응애에 대한 저항력을 높이는 것도 중요하다. 이와 관련된 사육법 연구는 아직도 초기 단계에 머물러 있다.
- 꿀은 수집 활동이 왕성하고 분봉을 좋아하지 않는 꿀벌들에게서 가장 많이 수확할 수 있다.

꿀벌을 구입할 때 여기서 나열한 특징들을 꿀벌들과 여왕벌에게서 알아보지 못한다. 보다 상세하고 중요한 기준에 따라 여왕벌을 양성하는 기술은 양봉 교육을 수강하면 배울 수 있다. 여기서는 가장 중요한 단계들만 대략적으로 설명할 것이고, 이것들은 언제든지 바뀔 가능성이 있다.

1. 어린 애벌레를 이충침(부화한 애벌레를 왕대로 옮길 때 사용하는 기구)으로 떠서 여왕벌방으로 옮긴다.

여왕벌을 표시통에 넣어 펜으로 표시한다.

번호가 적힌 스티커를 붙인 뒤 여왕벌을 무리에 돌려준다.

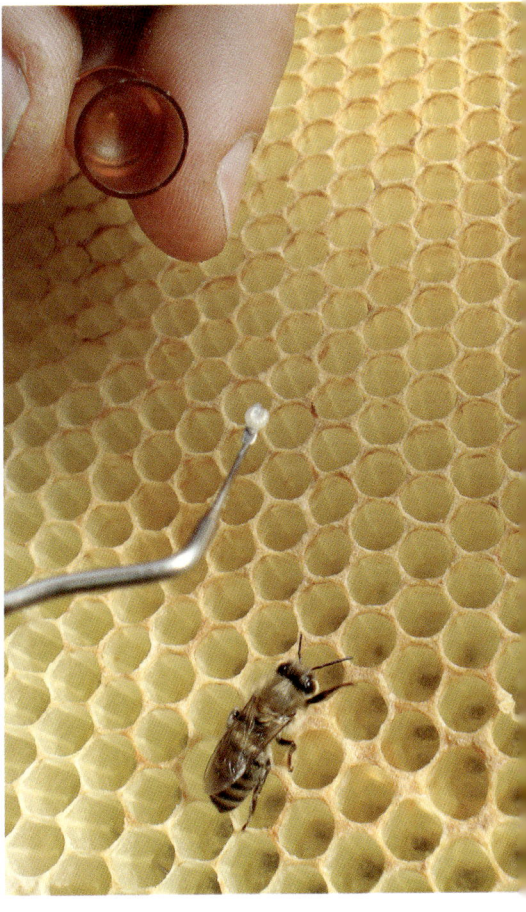

여왕벌 양성하기. 이충침으로 어린 애벌레를 여왕벌방으로 옮겨 넣는다. 여기서는 플라스틱으로 만든 여왕벌 왕대(왕안)에 넣는다.

2. 여왕벌이 없는 꿀벌 무리나 여왕벌이 있는 꿀벌 무리의 꿀 저장실에서 애벌레에게 먹이를 먹이고, 여왕벌방이 길게 조성된다.

3. 어른벌이 되어 방에서 나오기 전에 이 여왕벌방을 여왕벌이 없는 어린 꿀벌 무리에 넣거나 꿀벌들과 함께 짝짓기 상자에 넣는다.

4. 여왕벌이 짝짓기를 하면 새로 낳은 알을 찾을 수 있다.
5. 짝짓기 상자는 꿀벌들과 막 부화가 끝난 벌집들로 보강되어 새 꿀벌 무리의 상자로 바뀔 수 있다. 그 대안으로 여왕벌을 수집 활동이 왕성한 다른 꿀벌 무리의 새 여왕으로 옮길 수 있다. 어떤 양봉가들은 짝짓기 상자에 여러 개의 상자를 올려 겨울을 나게 한다.

> **반복되는 여왕벌 표시용 컬러 코드**
> 2016년 흰색, 2017년 노란색,   2018년 빨간색, 2019년 초록색,
> 2020년 파란색, 2021년 흰색,   2022년 노란색, 2023년 빨간색,
> 2024년 초록색, 2025년 파란색…
>
> 나는 여왕벌의 날개를 자르지 않는다. 그러나 여왕벌을 포획해 표시할 때 손톱 가위로 날개를 잘라줄 수 있다. 다만 이런 경우 여왕벌이 공격을 받을 수도 있는데, 꿀벌들이 여왕벌에게 장애가 있다고 판단하기 때문이다. 그 외에 분봉을 시도하는 과정에서 여왕벌을 잃을 수도 있다. 어떤 경우에는 여왕벌이 균형을 잃고 착륙판에서 떨어져 새들의 먹이가 되기도 한다. 물론 재차 분봉은 가능하다.

여왕벌 운반하기

여왕벌과 호위 꿀벌들을 왕롱에 넣어 여러 날에 걸쳐 운반할 수도 있고 심지어 우편으로도 보낼 수 있다. 왕롱에는 사양떡을 넣을 수 있는 칸이 있다. 꿀은 여왕벌이 쉽게 달라붙을 수 있어서 넣지 않는다. 클립으로 벌집에 있는 여왕벌을 잡아 왕롱에 넣는다. 여왕벌이 떨어지거나 날아갈 수 있기 때문에 초보 양봉가는 밀폐된 공간에서 하는 것이 좋다.

같은 무리에 있는 약 여덟 마리의 아주 어린 꿀벌들을 추가로 왕롱에 넣어주면, 이들이 여왕벌을 보살핀다. 왕롱은 양봉용품점에서 다양하게 구입할 수

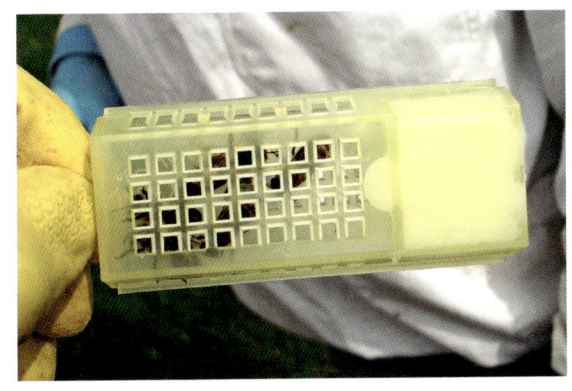

왕롱 속의 여왕벌. 수행벌들과 사양떡을 같이 넣었다.

있다. 특히 우편으로 보내는 경우에는 플라스틱으로 만든 평평하고 견고한 왕롱이 좋은 것으로 입증되었다. 왕롱을 넣는 봉투는 바람이 통하도록 구멍이 뚫려 있어야 한다. 그리고 기온이 너무 높거나 낮을 때는 여왕벌 운반을 반드시 피해야 한다.

여왕벌 들여보내기

여러 가지 방법이 있지만 중요한 건 다음과 같은 사실들이다.

　분봉 기운이 일었을 때 여왕벌을 들여보내는 건 문제가 된다. 꿀벌 무리는 자신들의 여왕벌을 원한다. 꿀벌 무리가 새 여왕벌을 받아들이기 위해서는 여왕벌이 아예 없어야 한다. 다시 말해서 알이나 애벌레도 없어야 하고, 아직 짝짓기를 하지 않은 젊은 여왕벌도 없어야 한다. 7월과 간혹 8월에는 꿀벌 무리에 더 공격적인 분위기가 감돌고, 9·10월과 초봄에는 여왕벌을 들여보내도 대부분 별다른 문제가 발생하지 않는다. 그러나 때로는 최적의 시기를 기다릴 수 없거나 기다리려 하지 않을 수 있다. 한 무리가 여왕벌이 없는 상태로 이미 며칠을 보냈다면 새 여왕벌을 받아들이려는 마음도 적어진다.

방법 A: 옛 여왕벌을 꺼낸 다음 새 여왕벌을 수행 일벌들 없이 왕롱에 넣어 넓은 벌집 간격에 넣는다. 왕롱은 벌집 철사 한 쪽에 고정시킨다. 왕롱 입구는 사양떡으로만 막아둔다.

방법 B: A와 같은 방법으로 넣어주되 2~3일 동안 왕롱 입구를 마개로 막는다. 그 뒤에는 마개를 사양떡으로 대체한다. 이는 오랫동안 여왕벌 없이 지낸 꿀벌 무리에 여왕벌을 들여보내는 안전한 방법이다. 빨라도 일주일 정도는 지난 후에 여왕벌을 유입시키는 데 성공했는지 살펴보고, 빈 왕롱을 꺼낸다. 여왕벌방들이 만들어졌다면 모두 부수고 꿀벌 무리를 주시해야 한다.

여왕벌에게 더 안전한 방법은 새로 양성된 어린 꿀벌 무리에 넣어주는 것이다. 이 꿀벌들은 자신들의 여왕벌을 보호한다. 여왕벌이 없는 꿀벌들의 공격적인 행동이 이 경우에는 발생하지 않는다.

핵군 상자에 있는 신생 꿀벌 무리. 벌통 앞면에 색을 칠해 꿀벌들이 다른 곳으로 들어가지 않게 한다.

핵군 내기(새 꿀벌 무리 형성)

핵군은 젊은 여왕벌과 3~10개 벌집 정도의 소규모 꿀벌들로 이루어지는 무리다. 핵군 내기는 분봉을 막는 중요한 조치이다. 다양한 핵군 내기 방법이 있지만 여기에서는 몇 가지 방법만 제시하고자 한다.

봉아 핵군 내기

장점

- 분봉열이 약화되거나 전혀 생기지 않는다.
- 대부분의 바로아 응애는 초봄과 여름에 꿀벌들의 애벌레 구역에서 번식한다. 따라서 봉아 핵군 내기를 통해서 애벌레 구역을 따로 떼어내면 꿀벌 무리에 있던 바로아 응애도 함께 분리되어서 기존 꿀벌 무리가 왕성하게

수집 활동을 하는 데 도움이 된다. 따로 떼어낸 애벌레 벌집들은 응애 방제 처리를 한다.

- 어떤 양봉가들은 이 기회를 이용해 기존 꿀벌 무리에 있는 어두운 색으로 변한 봉아 벌집들을 끄집어내기도 한다.

필요한 도구: 핵군 전용 상자나 바닥과 뚜껑이 있는 벌통, 벌집들을 위한 벌집기초, 먹이 벌집 두 개(후에는 사양떡이나 사양액, 필요한 경우에는 분리판이나 사양통), 벌통문 마개 혹은 스펀지, 비닐

최적기: 약 4월 말~6월 말

작업 과정

1. 하나, 또는 여러 무리에서 뚜껑이 닫힌 방의 애벌레나 번데기(이를 봉개봉충이라고 한다) 벌집 두세 개와 그 위에 앉은 꿀벌들을 통째로 꺼낸다. 거기에는 일벌들의 알이나 갓 부화한 애벌레들의 방도 포함되어 있다. 곧 벌집 방에서 빠져나올 어린 벌들은 핵군에서 유모벌의 역할을 할 것이다.
2. 벌집들을 핵군 상자나 밑바닥과 뚜껑이 있는 벌통에 넣는다. 벌통의 공간이 너무 크다면 분리판이나 사양통을 넣어둔다. 애벌레 벌집들 옆쪽은 각각 한 개의 먹이 벌집으로 에워싼다.
3. 기존 벌통의 꿀 저장실이나 아직 뚜껑이 덮이지 않은 애벌레 벌집들에 있는 어린 꿀벌들을 핵군으로 쓸어내린다. 이때 여왕벌이 함께 쓸려 들어가지 않도록 주의해야 한다. 비닐을 덮고 벌통 뚜껑을 덮는다.
4. 핵군에 도둑벌이 들지 않도록 벌통 출입구를 벌통문 마개나 스펀지를 이용해서 약 1 cm 넓이로 좁힌다.
5. 핵군 벌통을 밤새 약 12~24시간 동안 통풍이 잘 되는 상태로 어둡고 서늘한 지하실에 두었다가 가능하면 세력이 강한 무리와 떨어진 벌통 거치대 근처로 옮긴다. 또는 세력이 강한 꿀벌 무리와 떨어진 벌통 거치대 바로

봉아 핵군 형성. 강한 무리에 있는 애벌레 및 번데기 벌집과 그 위에 있는 꿀벌들을 꺼낸다.

봉아 핵군을 핵군 상자에 넣는다. 애벌레 및 번데기 벌집 양쪽을 먹이 벌집 두 개로 에워싼다.

옆에 둔다. 그러면 수집을 나갔던 일벌들이 자기들 무리로 돌아가지만, 어린 벌들이 충분히 있어서 상쇄될 수 있다. 아니면 약 3 km 이내에 있는 다른 벌통 거치대로 옮긴다.

6. 30일이 지나 모든 일이 순조롭게 흘러가면 짝짓기를 마친 새 여왕벌이 산란하기 시작한다.

핵군 돌보기

핵군에서 산란이 시작되면 벌집기초를 넣어 공간을 넓혀주고 사양액이나 사양떡 등의 먹이 적정량을 지속적으로 공급해준다.

여왕벌이 없거나 수벌 애벌레가 있는 핵군은 곧바로 해체해 다른 꿀벌 무리가 있는 곳으로 들여보낸다. 이런저런 시도를 계속하는 것보다 새 핵군을 형성하는 편이 낫다. 꿀벌들의 나이가 많을수록 여왕벌방들을 제대로 돌보지 못한다.

핵군 확장하기

핵군이 겨울을 나기 위해서는 상자를 10여 개의 벌집으로 잘 채워야 한다. 꿀벌 무리의 수가 적을수록 겨울철에 꿀벌을 잃을 위험도 더 커진다. 핵군을 핵군

여왕벌 핵군. 세력이 강한 무리에서 여왕벌을 벌집과 꿀벌들과 함께 빼낸다.

상자에 넣었다면 적절한 시기에 벌통으로 옮겨 벌집 개수를 늘려주어야 한다.

필요한 도구: 벌통, 바닥, 뚜껑, 비닐, 벌집기초, 채밀이 끝난 벌집들, 사양통(사양기)

작업 과정

1. 핵군 상자를 옆으로 치우고 더 큰 벌통을 배치한다.
2. 핵군 상자의 벌집들을 새 벌통에 같은 순서대로 넣고 벌집기초와 빈 벌집을 교대로 배치한다. 지속적으로 먹이를 공급하여 핵군이 성장하도록 한다. 밀원이 충분할 때는 먹이를 공급하지 않는다. 집중적으로 벌을 보살피면 핵군이 성장하는 데 긍정적인 영향을 준다. 따라서 꿀벌들의 상태를 평소보다 자주 살펴본다.

바로아 응애 방제

핵군에 바로아 응애가 많이 퍼져 있을 가능성을 고려해서 젖산을 뿌려주는 것이 좋다. 시기는 핵군을 형성할 때 넣어준 벌집의 애벌레들이 어른벌이 되어 방에서 나온 뒤, 새 여왕벌이 처음 낳은 알들이 부화하고 애벌레방들에 뚜껑이 덮이기 전, 그리고 핵군을 확장하는 때가 가장 좋다. 봉아권을 새로 만들면서 개미산을 사용할 수도 있다. 그러나 이 경우에는 꿀벌들에게 미치는 부작용이 크다. 개미산을 처리한 핵군은 그 다음해가 되어서야 꿀을 수확할 수 있다.

여왕벌 핵군

분봉열을 완전히 억제하면서도 여왕벌을 안전하게 지킬 수 있다. 여왕벌을 계속 보존하고 싶을 때 시도한다.

필요한 도구: 핵군 상자, 벌집기초, 먹이 벌집 혹은 꿀 벌집

작업 과정

1. 세력이 강한 꿀벌 무리에서 여왕벌과 애벌레 및 번데기 벌집 하나, 먹이 벌집이나 꿀 벌집과 그 좌우에 있는 벌집기초 한두 개를 꺼낸다. 기존의 꿀벌 무리에는 봉아권 옆으로 벌집기초를 보충해준다.
2. 세력이 강한 무리에서는 곧 새 여왕벌이 길러진다. 따라서 그 곳에 있는 여왕벌방들을 하나만 남기고 모두 없앤다. 새 여왕벌이 알을 낳기 시작하면 새 여왕벌을 계속 둘지 아니면 옛 여왕벌을 다시 돌려줄지 결정해야 한다. 둘 중 하나는 죽어야 하거나 아니면 다른 양봉가나 꿀벌 무리에 분양할 수 있다.

2×9일 방법

이 방법의 기본은 분봉열이 강한 무리에서 여왕벌을 따로 내보내는 것이다. 세력이 강한 무리의 여왕벌이 없는 시기는 9일씩 연장된다. 18일째 되는 날에는 앞으로 어떻게 할지 결정을 내려야 한다. 이 방법은 좋지 않은 경우에만 꿀 수확량에 영향을 미친다.

2×9일 방법 작업 과정

0일	9일	18일	30일 이후
• 여왕벌을 꺼낸다. (여왕벌 핵군을 만들거나 제거한다.)	• 모든 왕대를 부수고 가장 강한 무리(차분하고, 활기차고, 수집욕이 왕성함)의 산란 벌집을 준다. • 이 벌집의 상단 나무틀에 표시하여 쉽게 찾을 수 있게 한다.	산란 벌집 내검 • 새 여왕벌을 위한 왕대 하나만 남기고 나머지는 모두 부순다. • 아니면 왕대를 모두 부수고 옛 여왕벌과 벌집을 무리에 다시 돌려준다.	• 27일째 되는 날까지 여왕벌이 왕대에서 나온다. • 일주일 뒤(약 34일째)에 여왕벌이 결혼비행을 하고 산란을 시작한다.

수집벌 모으기

몇몇 양봉가들은 분봉열을 효과적으로 억제하기 위해서 수집벌들을 모아 새 꿀벌 무리를 만드는데 이 과정을 간단하게 설명하고자 한다. 수집벌들이 밖으로 나가 있는 동안 그 꿀벌 무리의 벌통을 3~4 m 이상 떨어진 곳으로 옮기면, 수집벌들은 자신들의 벌통이 있던 자리로 돌아온다. 여기에 옛 벌통의 밑바닥을 넣은 새 벌통을 놓아둔다. 벌통 안에는 뚜껑이 덮이지 않은 애벌레 벌집 하나와 꿀 벌집 하나, 그리고 벌집기초를 넣은 벌집들을 배치한다. 원래 꿀벌 무리(기존 꿀벌들과 여왕벌)에는 새 바닥을 넣어준다. 수집을 나간 일벌들이 이전의 자리로 되돌아가기 때문에 이들은 수집벌들을 잃게 된다. 그리하여 원래 꿀벌 무리에서 일던 분봉열이 소멸되거나 통제된다. 수집벌들로 이루어진 새 무리는 부지런히 꿀을 모으고, 벌집기초에 집을 짓고, 뚜껑이 덮이지 않은 애벌레 방들을 왕대로 개조할 것이다.

    이 방법은 여름에 바로아 응애를 방제할 때도 적용할 수 있다. 대부분의 응애는 기존 꿀벌 무리의 봉아권에서 번식하기 때문이다. 그러나 방제 처리가 그리 간단한 과정이 아니므로 어느 정도 경험이 쌓인 양봉가들이 주로 사용한다.

인공 분봉하기

이 방법은 어느 정도 경험이 쌓인 양봉가들에게 적합하다.

    인공 분봉은 꿀 수확과 연계하여 실행할 수 있다. 하나 또는 여러 꿀벌 무리에서 꿀이 저장된 벌집에 있던 꿀벌들을 인공 분봉 상자로 쓸어내린다. 5·6월의 꿀벌 무게는 1.5 kg이고 7월경에는 2.0~2.5 kg이다. 상자에 짝짓기를 마친 젊은 여왕벌을 왕롱에 넣어 매단다. 밤새 상자를 지하실에 두고 자연 분봉한 꿀벌들처럼 벌집기초를 넣어준다. 비축된 먹이가 없으니 즉시 사양액과 사양떡

인공 분봉. 여기서는 탈봉기를 이용해 꿀벌들을 쓸어내린다.

을 제공한다. 인공 분봉 상자는 반드시 약 3 km 정도 떨어진 곳에 배치해야 하고 사양떡이 든 왕롱에 넣은 여왕벌은 벌집들 사이에 건다.

인공 분봉할 때와 분봉 상자를 지하실에 둘 때 꿀벌들에게 물을 뿌려준다. 인공 분봉으로 꿀벌들을 내준 무리는 세력이 줄어들고 발전 속도도 더뎌진다.

꿀벌들을 왕롱에 넣은 여왕벌과 함께 인공 분봉 상자에 넣는다.

꿀벌의 먹이

꿀 대용물

5

위층 상자를 내린 모습. 꿀벌들이 밖으로 흘러나온 꿀을 핥아 먹는다.

꿀벌 무리에 먹이를 주는 이유

많은 나라에서 양봉가들은 꿀벌들이 섭취하는 자연적 양식의 토대이자 겨울철을 위한 먹이 비축물이기도 한 꿀을 수확한 뒤에 그 대용물로서 당액을 공급한다. 꿀벌들의 겨울철 먹이는 늦여름에 마지막 꿀 수확이 끝난 직후에 공급해야 한다. 그래야 꿀벌들이 먹이를 가공해서 벌집에 저장할 수 있다.

핵군 상자와 짝짓기 상자, 진열 상자의 꿀벌들에게는 성장을 촉진시키고 생존할 수 있도록 더 자주 먹이를 공급한다. 그러면 꿀벌들의 수집 비행이 줄어들 것이다. 적은 양의 먹이를 지속적으로 공급해주면 특히 꿀이 없는 시기에 도움이 된다. 애벌레들은 젖 공급량을 늘리게 되고 집을 짓고 청소하려는 욕구가 커질 것이다.

자연적으로 분봉한 벌 무리는 며칠 동안 굶어도 별다른 해를 입지 않지만 알과 애벌레들이 있는 꿀벌 무리는 곧바로 피해를 입는다. 이때 꿀벌들이 갓 낳은 알과 애벌레들을 먹는 행동은 위급할 때 살아남기 위한 생존 전략이다. 제대로 보살핌을 받지 못하는 노천에 있는 벌통에서는 꿀벌 무리가 금방 굶어죽을 수 있다. 이런 경우 적절한 시기에 비상 사양을 하거나 먹이 벌집을 제공함으로써 떼죽음을 막아야 한다.

먹이로 줄 수 있는 당

꿀벌의 먹이는 꿀벌들에게 특화된 액체 형태의 시럽이나 먹이 반죽으로 공급하는 당으로 구성된다. 일부는 양봉가들이 직접 만들거나 양봉용품점에서 구입할 수 있다.

꿀벌 연구소의 연구가들에 따르면 꿀벌의 먹이를 위한 기본 전제 조건은 다음과 같다.

- 꿀벌의 먹이로 적합한 당은 수크로스(보통 설탕을 말하며 사탕수수나 사탕무에서 정제한다), 프럭토스(과당), 글루코스(포도당)이다. 이 세 종류 이외의 당은 가능하면 사용하지 않는 것이 좋고, 가능한 극소량만 포함되어 있어야 한다.
- 포도당의 함량은 너무 높지 않아야 한다. 그렇지 않으면 벌집 속 먹이가 결정화되어 꿀벌들이 먹지 못할 수 있다. 그러므로 포도당이 아주 많은 유채꿀과 멜레치토스* 함량이 높은 꿀은 겨울철 먹이로 부적합하다.
- 히드록시메틸푸르푸랄(HMF)은 꿀벌들에게 해롭고 겨울벌들의 수명을 단축시킨다.
- 무기질과 식이 섬유(예를 들면 올리고당)의 함량은 최대한 낮아야 꿀벌의 장에 부담을 주지 않는다. 이들 성분의 함량이 너무 높으면 이질과 비슷한

---

* 식물의 진액을 먹는 곤충들에 의해 만들어지는 삼당류로 감로의 일부분이다.

현상이 발생해서 꿀벌들이 배설물 주머니에 배설물을 갖고 있지 못하게 된다. 그래서 감로꿀과 헤더꿀은 겨울나기를 위한 먹이로 적합하지 않다.
- 수분 함량이 너무 높으면 먹이가 발효되어 부패할 수 있다.

당액·사양 시럽·사양떡

꿀벌의 먹이는 두 가지 상태로 존재한다. 액체로 된 당액(집에서 사용하는 설탕으로 직접 만든다)이나 사양 시럽(상업적으로 생산된다)과 고체 상태의 사양떡(대부분 상업적으로 생산된다)이다. 꿀벌 무리의 상황에 따라서 이러한 먹이가 적절하게 투입된다. 꽃가루를 넣은 다른 먹이나 대용꽃가루떡은 의심스러운 작용이나 전염병을 일으킬 위험이 있으니 사용하지 말아야 한다.

당액

가정용 설탕으로 간단하고 저렴하게 직접 만들 수 있다. 초봄과 여름에는 집짓기 욕구를 활성화시키기 위해서 설탕과 물의 비율을 1대 1로 섞어서 주고, 겨울철에는 3대 2의 비율로 섞는다. 3대 2로 희석할 때는 꿀벌들이 비교적 잘 흡수하는 60%의 설탕 용액을 얻게 된다. 꿀벌에게 해로운 HMF가 생성될 수 있기 때문에 미지근한 물만 사용해야 하고 이 먹이는 원칙적으로 점균류가 잘 생기기 때문에 빠른 시간 안에 소비해야 한다. 나무 막대나 젓는 도구를 이용하면 설탕이 빨리 용해된다. 그러나 양봉용품점에서 완성품을 구입하는 것보다는 손이 많이 간다. 양봉장의 규모와 필요한 양에 따라서 먹이를 벌통으로 가져가기 위해 운반통이 필요할 수도 있다.

사양 시럽

양봉용품점에서 구입하는 사양 시럽은 꿀벌들에게 특화된 제품으로 과당, 포도당, 설탕으로 이루어진 것이 가장 좋다. 꿀벌들에게는 설탕으로만 만든 시럽보다는 이 혼합물이 더 잘 흡수된다. 게다가 꿀벌들이 섭취하는 데 아무런 문제

당액을 젓는다. 끈적거리니 조심한다.

사양떡 덩어리를 비닐에 넣어 나무틀 상단에 둔다.

를 주지 않으면서도 수분 함량을 27.5%로 줄일 수 있다(당 함량 = 건조 중량 72.5%). 훨씬 농축된 이 시럽은 보존하기 쉽고 부패 위험도 줄어든다. 먹이를 말려야 하는 꿀벌들의 수고도 덜어준다. 사양 시럽은 가을철 꿀을 수확한 뒤에 먹이를 공급하는 경우에 매우 유익하다.

사양떡

설탕으로 만든 사양떡은 주로 막 형성된 핵군을 위해서, 겨울철에 대비해 미리 사양하기 위해서 약 9월 초까지 사용된다. 주요 성분은 가루 설탕이다. 수분 함량이 약 10% 정도로 매우 낮아서 금방 굳어지는 경향이 있다. 따라서 먹이를 공급하는 동안 마르고 단단해지지 않도록 주의해야 한다. 이때 비닐을 사용하면 좋을 것이다.

사양 시기

핵군에게 사양하면 꽃꿀을 수집하는 수고를 덜어줄 수 있다. 적절한 사양 시기는 여왕벌이 산란하기 시작할 때이다. 그래야 늘어나는 산란과 부화활동과 함께 늘어나는 먹이 수요량을 감당할 수 있을 것이다. 유채꽃처럼 밀원이 풍부할

꿀벌 먹이를 제공하는 시기

꿀벌 무리 \ 꿀벌 먹이	사양 시럽 상업적 생산	설탕물 설탕:물(1:1)	설탕물 설탕:물(3:2)	사양떡 상업적 생산
활동이 왕성한 무리의 초봄과 여름 비상 사양 (꿀이 없거나 날씨가 좋지 않은 시기)	제공하지 않는다. 꿀벌들이 먹이를 비축하려고 꿀 저장실로 가져갈 수 있기 때문이다.			적은 양을 공급한다.
활동이 왕성한 무리의 이른 봄 비상 사양	공급한다.(**)	공급하지 않는다. 수분 함량이 너무 높다.	공급한다.(**)	공급하지 않는다.
활동이 왕성한 무리와 핵군의 겨울철 사양	공급한다.	공급하지 않는다. 수분 함량이 너무 높다.	공급한다.	공급한다.(*)
핵군	공급한다.	공급하지 않는다. 수분 함량이 너무 높다.	공급한다.	공급한다.(*)
(인공) 분봉 지하실에 있을 때	공급하지 않는다.	공급하지 않는다.	공급하지 않는다.	공급한다.
(인공) 분봉 집을 지을 때	공급한다.(**)	공급한다. (집짓기 촉진)	공급한다.(***)	공급하지 않는다.
왕롱 속 여왕벌	공급하지 않는다.	공급하지 않는다.	공급하지 않는다.	공급한다.(****)

(*) 　기온이 14도보다 낮을 때는 제대로 섭취하지 않기 때문에 주지 않는다.
(**) 　가득 채워진 먹이 벌집을 주는 것이 더 낫다. 그렇지 않다면 사양액을 꿀벌들의 거처에 바로 놓아준다(시럽이 가장 좋다).
(***) 　가장 좋은 건 아니지만 원칙적으로 가능하다.
(****)　왕롱과 짝짓기 상자에 넣는 여왕벌만을 위한 특별한 사양떡도 있다.

때에는 먹이를 공급하지 않아도 날이 좋지 않은 시기를 제외하고 핵군은 제대로 성장할 수 있다. 꿀벌들의 먹이를 지속적으로 유지하기 위해서는 5월에서 겨울철 사양을 시작할 때까지 규칙적으로 적은 양의 먹이를 공급하는 것이 좋다.

반면에 수집 활동이 왕성한 꿀벌 무리에는 4월에서 약 7월 중순까지 비상

도둑벌이 발생할 수 있으니 먹이를 흘리지 않게 조심한다. 꿀벌과 뒤영벌이 평화롭게 먹이를 핥아 먹고 있다.

시에만 먹이를 제공한다. 겨울철 사양은 마지막으로 꿀을 수확한 이후에 이루어진다. 그 시기는 대략 7월 말에서 8월 초반인데 전나무꿀와 헤더꿀처럼 가을 꿀을 채취하는 경우는 더 늦어진다. 겨울철 사양은 바로아 응애 방제와 함께 진행된다.

    7월부터는 도둑벌이 생길 위험이 높아지기 때문에 수집 활동을 마친 저녁에 먹이를 공급하는 것이 좋다.

    겨울철 사양은 갖가지 방법으로 이루어진다. 사양액이나 사양떡만 줄 수도 있고 두 가지를 조합하여 주는 방법도 있다. 사양액을 조금씩 지속적으로 공급하기도 하고 10~12 L의 시럽을 두 번에 걸쳐 공급할 수도 있다. 중요한 건 지속적으로 사양을 하면서도 꿀벌들이 육아를 할 수 있도록 충분히 남아 있어야 한다는 점이다. 사양떡은 꿀벌들에게 더 많은 일거리를 의미하고, 따라서 더 천천히 가공되기 때문에 먹이가 봉아권을 막아버리는 일이 종종 발생한다. 그러나 기온이 낮을 때는 꿀벌들이 사양떡을 잘 섭취하지 않는다. 따라서 먹이 소비량을 규칙적으로 점검해야 한다.

> **사양떡**
>
> 벌집에 바로 올려놓거나 빈 상자에 두거나 꿀벌들이 자유롭게 오갈 수 있는 사양통에 넣어준다. 사양떡이 노출된 표면이 넓을수록 금방 건조해져 꿀벌들이 섭취하지 못하기 때문에 주변을 비닐로 잘 덮어야 한다.

먹이를 줄 때 필요한 도구들

사양은 항상 벌통 내부에서 이루어져야 한다. 외부 사양, 다시 말해서 사양통을 벌통 밖에 세우는 건 도둑벌이 발생할 수 있어서 금기 사항이다. 대부분은 벌통 위층의 빈 상자에 사양통(양동이나 납작한 통)을 넣거나 특별한 사양기를 이용해 공급한다. 벌통 바닥이 높은 경우에는 아래쪽에서 사양한다. 양봉용품점에서 다양한 형태의 도구들을 구입할 수 있고 기존의 용기들을 변형해서 사용할 수도 있다. 사양 시럽은 수직관이 달린 네모난 상자 모양의 용기나 뚜껑이 있는 통에 담아 공급하거나 비닐봉지에 넣어 준다.

당액을 사양하는 방법

꿀벌들이 당액으로 떨어지면 빠져 죽거나 당액에 달라붙을 수 있기 때문에 주의해야 한다. 양동이나 테트라 팩처럼 단단한 종이 용기를 잘라서 사용하는 경우에는 똑바로 세워 놓은 사양통에 짚, 코르크, 나무로 된 부표를 넣으면 그런 일을 막을 수 있다. 양동이를 거꾸로 세워 사양하는 방식은 드물어졌다. 이런 경우에는 거름망으로 된 뚜껑과 진공 상태 때문에 먹이가 밖으로 새지 않는다.

사양할 때에는 개미산을 사용하지 않는다.   사양 함지에 시럽을 채운다. 꿀벌이 없는 곳에서 한다.

이 원리는 뚜껑에 작은 구멍들이 뚫린 유리병에도 동일하게 적용된다. 우선 한쪽 구석이나 중간에 마개 구멍이 있는 벌통 뚜껑 위에 유리병을 거꾸로 세운다. 유리병 뚜껑의 구멍은 못으로 지름 약 1~2 mm 정도로 뚫는다.

사양 단지, 네모난 사양통, 광식 사양기(벌집틀처럼 벌통 안에 거는 먹이그릇)나 다른 용기들에도 수직관, 구멍을 뚫은 양철판, 철망 등을 설치할 수 있다. 이러한 구조물들은 받침대를 제공하여 꿀벌들이 사양액에 빠져죽는 것을 막아준다.

도둑벌 예방
- 먹이나 먹이 벌집을 절대 꿀벌들 근처에 두면 안 되고 항상 꿀벌들이 들어가지 못하게 잘 보관해야 한다. 특히 (늦)여름에는 더 주의해서 도둑벌이

수직관을 설치한 사양통. 꿀벌들이 먹이를 섭취하면서 빠져죽는 걸 막아준다.

부표로 짚을 깐 사양 용기. 곰팡이가 생기면 교체한다.

생기지 않도록 막아야 한다.
- 순수한 가정용 설탕이나 꿀벌에게 특화된 먹이만 사용한다. 가격이 저렴한 다른 용액을 줬다가 꿀벌들이 소화하지 못해서 많은 돈을 지불해야 할 수도 있다.
- 사양이 끝나고 나면 양동이와 광식 사양기 등의 사양 그릇을 뜨거운 물로 청소한다. 특히 점균류 때문에 먹이가 썩은 경우에는 더 철저하게 씻어낸다.

사양 시럽을 주는 과정

1. 맨 위층에 있는 꿀벌들에게 연기를 보낸다.
2. 빈 상자를 올려놓는다.
3. 시럽을 담은 용기를 빈 상자에 놓는다. 이때 부표를 설치해야 한다.
4. 벌통 뚜껑을 닫는다.

다른 방법

- 사양 용기를 바로 위층 상자에 놓는다.
- 네모난 플라스틱 사양통은 운반하는 데 어려움이 없다. 빈 벌통 상자 또는 벌통 내부의 빈 공간에 넣은 뒤 마개 대신 수직관이 달린 뚜껑을 설치한다.
- 광식 사양기를 꿀벌들의 거처에 걸어준다. 사양액은 계량컵으로 채운다.

먹이의 양

단상 꿀벌 무리는 벌집의 수가 적기 때문에 약 12 kg 정도의 먹이를 저장할 수 있다. 평균적으로 벌집 하나당 먹이가 가득 찼을 때 무게는 약 2 kg이다. 따라서 초봄에는 먹이가 부족할 수 있기 때문에 필요하면 빈 먹이 벌집 몇 개를 가득 찬 벌집으로 교체해야 한다. 늦여름에는 부화 기간에 따라 약 15 kg까지 먹이를 줄 수 있다. 늦게 부화하는 무리에는 9월 말이나 10월 초에 필요한 경우 사양 시럽을 공급한다.

계상 꿀벌 무리는 벌집 개수에 따라 15~24 kg의 먹이를 저장한다. 여기서도 부화 활동 때문에 가을이 시작되기 전에 먹이가 다 소진될 수 있다. 이때 먹이를 더 공급해야 한다.

벌집 하나에 들어가는 2 kg의 먹이에 건량으로 같은 양의 당을 먹인다. 날이 서늘한 늦여름에는 꿀벌 무리의 먹이 소비량이 예상보다 높을 수 있다. 이런 경우에는 먹이를 공급해도 비축물이 전혀 없거나 조금만 남아 있게 된다.

먹이 양 결정

꿀벌 무리의 먹이 양은 먹이 벌집의 개수나 무리의 무게에 따라 결정된다. 이

광식 사양기에 사양 시럽을 채운다.   뚜껑에 구멍들을 뚫은 사양 양동이를 빈 상자에 거꾸로 세운다.

를 위해서 여러 형태의 저울 중에서도 특히 용수철 저울이 자주 사용된다. 용수철 저울은 벌통 좌우 측면의 무게를 재는 데 이용된다. 전체 꿀벌 무리를 일 년 내내 저울 위에 올려놓을 수도 있다. 이렇게 저울에 올려놓은 꿀벌 무리는 먹이 소비량(무게 감소)이나 유입되는 꿀의 양(무게 증가)에 대한 정보까지 제공한다. 한 꿀벌 무리가 비어 있는 상태의 무게는 벌통 유형과 재료에 따라 다르다. 우선 먹이가 없는 빈 벌집 상태의 벌통 무게를 측정한다. 꿀벌들의 무게는 최대 1 kg으로 측정될 것이다.

무리에 꿀이 많이 남아 있을수록 겨울철에 공급하는 먹이의 양도 적어진다. 꿀벌들은 흔히 시멘트 꿀이라 불리는 멜레치토스 꿀을 녹일 수 없어서 이 먹이로는 겨울을 나지 못한다. 백겨자꽃처럼 늦게 수집한 꿀은 아껴서 모을 수 있는 먹이 비축물이 된다.

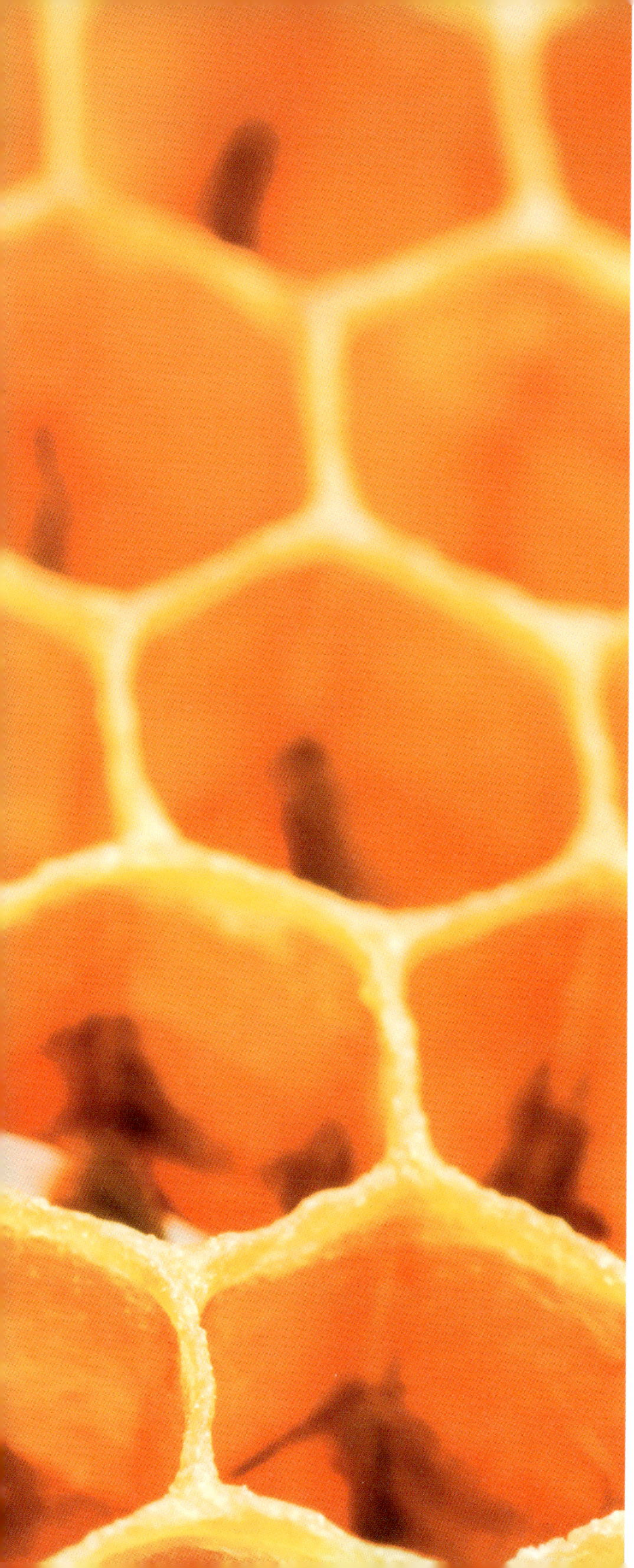

양봉가의 수확물

꿀과 밀랍

꿀에 관한 모든 것

꿀은 영양이 풍부할 뿐만 아니라 누구나 즐길 수 있는 식품이다. 아직 숙성되지 않은 꿀이라면 양봉가가 직접 먹을 수 있다. 그러나 누군가에게 나누어주거나 판매하는 꿀은 식품 위생법상 여러 기준들을 충족시켜야 한다. 독일의 꿀벌 연구소와 양봉 조합들의 꿀 교육 과정에서는 꿀이 갖춰야 할 필수 사항들을 집약적으로 알려준다. 이 과정을 성공적으로 수료하고 나면 한 조합의 구성원으로서 조합에서 발행하는 인증 띠와 유리병을 이용할 수 있게 된다.*

꿀이 갖춰야 할 조건

- 꿀은 전혀 가공되지 않은 자연 그대로의 상태여야 한다.
- 수분 함량은 일반적으로 20%(독일 양봉 연합회에서는 18%)를 넘으면 안 된다. 수분 함량이 이것보다 더 높으면 꿀이 발효될 위험이 있다.
- 채밀기에서 나오는 꿀을 체로 거르면 밀랍과 꿀벌 조각들과 같은 불순물들이 제거된다.
- 꿀은 균일하고 미세하게 결정화되어야 한다. 따라서 채밀이 끝난 뒤 규칙적으로 저어야 한다.
- 꿀은 깨끗한 유리병이나 통에 담아야 한다.
- 꿀은 적합한 위생 조건에 따라 수확해야 한다.

품질 검사

다음 목록에서 나열한 매개 변수들은 품질 결정을 위한 꿀 검사(식품 감독처나

---

* 우리나라의 여러 기관에서도 인증마크를 발행하지만 신뢰성이 떨어진다. 오히려 농산물우수관리(GAP)나 HACCP 인증 마크가 믿을 만하다.

벌집(오른쪽)과 유리병(왼쪽)에 담긴 맛있는 액상 꿀

꿀벌 연구소)나 자발적인 검사에서 분석될 수 있다. 식물의 출처는 현미경으로 꽃가루를 분석하고 감각적, 화학적, 물리적 매개 변수를 통해서 확인된다.

유채꿀, 헤더꿀, 여름꿀 등 주요 밀원이 제시된 꿀에는 해당 꿀이 최소한 60% 이상 함유되어야 한다. 지역이 표시된 경우에는 전적으로 해당 지역에서 나온 꿀이어야 한다.

꿀과 관련된 금지 사항

- 모든 양봉가는 여기서 거론한 요구 사항들을 충족시키도록 노력해야 한다. 식품 감독 기관의 불시 검사에서 이상이 없도록 해당 조건들을 반드시 준수해야 한다.
- 생산물이 꿀로 인정되기 위해서는 색소나 감미료 등 그 어떤 첨가물도 넣어서는 안 된다. 꿀과 계피 막대의 혼합물은 더 이상 꿀이라고 부르면 안

채밀기에서 갓 걸러낸 꿀이 흘러나온다.

된다.
- 꿀 자체에 포함된 그 어떤 구성 성분도 제거해서는 안 된다.
- 결정화된 꿀을 녹일 때처럼 꿀을 가열하는 경우에는 최대 40도까지만 허용된다. 이보다 온도가 더 높으면 꿀 안의 성분이 파괴된다.
- 먼지, 녹, 꿀벌 사체나 애벌레, 머리카락 등의 불순물은 반드시 제거해야 한다. 이를 위해서 양봉 장비들을 철저하게 검사하고 문제가 있는 도구들은 교체한다.

꿀의 종류

꿀은 원료에 따라서 다음과 같이 구분된다. 꿀벌이 주로 꽃의 꿀에서 수집해 가공한 꿀은 꽃꿀이고, 주로 식물의 진액이나 식물의 진액을 빨아먹는 곤충들의 분비물에서 유래한 꿀은 감로꿀이다. 보다 정확한 구분은 특정 꽃이나 특정 식물의 감로에서 주로 유래했다는 사실이 감각적, 물리적, 화학적으로 증명되고

꿀의 화학적-물리적 특징 구성

당 함량

꽃꿀에 포함된 과당과 포도당	최소 60 g/100 g
감로꿀 단독 또는 꽃꿀과 혼합된 경우	최소 45 g/100 g

설탕 함량

일반적으로	최대 5 g/100 g
아까시(Robinia pseudoacacia), 자주개자리(Bedicago sativa), 묏황기(Hedysarum) 꿀	최대 10 g/100 g

수분 함량

일반적으로	최대 20%
헤더꿀과 요리용 꿀	최대 23%

물에 녹지 않은 물질 함량

일반적으로	최대 0.1 g/100 g
압축 꿀	최대 0.5 g/100 g

전기 전도도

아래 열거되지 않은 꿀 종류와 이 꿀 종류(피나무, 에리카)의 혼합	최대 0.8 mS/cm Ω
감로 꿀과 밤꿀 및 이 꿀 종류의 혼합. 나중에 열거된 꿀 종류는 예외	최대 0.8 mS/cm Ω

유리산 함량

일반적으로	최대 50 mEq/kg
요리용 꿀	최대 80 mEq/kg

디아스타아제 수치와 히드록시메틸푸르푸랄(HMF) 함량
처리와 혼합에 따라 결정

a) 디아스타아제 수치(손실 등급) 요리용 꿀은 제외하고 일반적인 꿀은 최소 8이며 자연적으로 효소 성분이 낮고(가령 귤 속에 속하는 꿀) HMF 성분이 있는 꿀은 최소 3이어야 한다.	최대 50 mEq/kg
b) HMF 요리용 꿀은 제외하고 일반적으로	최대 40 mg/kg
열대 기후 지역에서 나온 꿀과 그런 꿀과 혼합된 꿀	최대 80 mg/kg

천연산물인 꿀은 매우 다양한 색깔과 맛을 낼 수 있다.

현미경으로 검사할 수 있어야만 가능하다.

    꿀벌은 특정한 꽃을 선호하는 경향이 있지만 일차적으로는 매우 풍부한 밀원을 이용한다. 그럼에도 불구하고 특정 종류의 꿀을 수확하기 위해서는 양봉가의 지식도 해박해야 한다. 특정한 꿀을 수확하려면 다음과 같은 전제조건이 충족되어야 한다. 우선 꽃이 만발한 유채밭이나 피나무 가로수길처럼 해당 밀원이 풍부해야 하고, 식물의 수는 최대한 많아야 한다. 또한 적당한 규모의 꿀벌 무리를 적절하게 배치해야 한다. 주변에 경쟁이 될 만한 큰 밀원이 있으면 안 되고, 다른 밀원에서 꽃이 피기 시작하기 전에 제때 꿀을 수확해야 한다. 특정한 종류의 꿀은 해당 식물이 없어서 전적으로 외국에서만 생산되는 경우도 있다. 꿀이 특정 지방이나 지역에서 생산되었다면 그것을 표시하는 건 허용된다.*

 '봄꿀', '유채꽃 봄꿀', '여름꿀'과 같은 정보는 허위로 표기해서는 안 된다.

---

* 우리나라에서는 국가 차원에서 산지 표기를 관리하지 않고 개인들이 산지를 표기하여 판매한다. 밤나무가 많은 지역이라면 국가가 밤꿀을 보증하고 품질을 관리하는 등 적극적으로 조치해야 한다.

꿀의 농도

꿀은 채밀기로 얻는 과정에서는 항상 액상이지만 대부분 나중에는 굳는다. 액상이든 결정화되어 굳은 형태든 그것이 품질을 나타내는 건 아니다. 결정화는 대부분 과당과 포도당의 자연적인 관계에 좌우된다. 유채꿀은 채밀기로 걸러낸 며칠 뒤에 결정화되고 아까시꿀은 거의 굳지 않는다. 균일하고 미세하게 결정화되려면 기계로 꿀을 잘 저어주어야 한다. 액체에서 고체로 넘어가는 과정에서 꿀은 더 밝은 색으로 바뀐다.

꿀을 충분히 젓지 않거나 결정화가 완전히 끝나지 않은 경우에는 여러 층이 지거나 거친 알갱이들이 생긴다.

꿀의 분리

꿀은 서늘한 곳에서 제대로 보관하더라도 약 1년 6개월이 지났거나 너무 따뜻한 곳에 보관했을 때 빠르게 두 개의 층으로 분리된다. 이는 시간이 오래 지나서 품질이 떨어졌다는 증거이자 너무 데워졌다는 증거이다. 보다 확실한 사실은 실험실에서 HMF 함량과 효소 활동성을 검사하여 확인할 수 있다. 대신 이런 꿀은 요리용으로 사용하거나 술로 만들 수 있다.

꿀의 발효

식품 감독의 관점에서 볼 때 꿀은 결코 위험한 식품이 아니다. 당 성분이 높고 pH 농도가 낮아서 부패 원인균이 발생하기에 좋은 환경이 아니기 때문이다. 가장 큰 위험은 수분 함량이 너무 높을 때 알코올 발효 현상이 일어나는 것이다. 예를 들어 숙성되지 않은 꿀을 너무 빨리 수확한 경우가 이에 해당한다.

꽃꿀과 감로꿀

꿀 종류	색깔	냄새·맛·농도	특징
아까시꿀 (꽃꿀)	• 액상: 노란색	부드러운 향	아주 서서히 굳거나 거의 굳지 않는다.
헤더꿀 (꽃꿀)	• 액상: 밝은 색과 적갈색 • 고체 상태: 노란색, 갈색	떫고 강렬한 맛 액체 상태에서 겔처럼 걸쭉하다.	미세한 입자로 굳는다.
클로버꿀 (꽃꿀)	• 액상: 밝은 노란색, 밝은 갈색 • 고체 상태: 하얀색, 밝은 노란색과 짙은 노란색	부드러운 향미	크림처럼 굳는다.
피나무꿀 (꽃꿀)	• 액상: 밝은 노란색, 갈색 • 고체 상태: 하얀색, 베이지 갈색(꽃꿀: 감로의 비율에 따라)	강렬하고 쓴 향 (의학적)	굳는다.
민들레꿀 (꽃꿀)	• 액상: 황금빛 • 고체 상태: 노란색	강렬한 향 걸쭉하다	미세한 입자로 굳는다.
유채꿀 (꽃꿀)	• 액상: 밝은 베이지, 밝은 노란색 • 고체 상태: 하얀색, 노란색	살짝 달콤한 맛 묽은 액체 같다.	아주 빨리 미세한 입자로 크림처럼 또는 단단하게 굳는다.
전나무꿀 (감로꿀)	• 액상: 짙은 갈색, 가벼운 초록빛 • 고체 상태: 어두운 색	나뭇진 냄새, 떫은 맛 걸쭉하고 거친 입자	아주 서서히 굳는다.
숲꿀 (감로꿀)	• 액상: 짙은 갈색 • 고체 상태: 어두운 색	풍미가 강하고 떫은 맛 걸쭉하고 거친 입자	서서히 굳는다.

꿀에는 다양한 종류의 수많은 천연 효모가 포함되어 있다. 그러나 꿀에 있는 모든 효모가 활성화되는 건 아니다. 발효는 수분 함량, 효모의 수, 저장 온도에 영향을 받는다. 발효된 꿀은 식용 꿀로는 유통될 수 없어서 요리용 꿀로 사용하거나 꿀술로 만든다. 꿀이 발효되면 냄새가 나고 거품이 생긴다.

굴절계에 꿀을 바른다.

굴절계로 수분 함량을 측정한다.

꿀 수확 시기

어림잡아 계산해보면 꿀벌들이 대규모 밀원 식물에서 꿀을 수집하는 기간이 끝나고 10일이 지나면 벌집의 꿀을 수확할 때가 된 것이다. 꿀벌들은 수집한 꿀에서 수분이 빠지고 저장할 상태가 되면 보통 꿀이 가득 든 벌집 방들을 밀랍으로 봉한다. 벌집의 방들이 약 4분의 3이나 전체가 다 덮였다면(유채꿀에서는 항상 그렇지는 않다) 이 벌집에 저장된 꿀은 이제 수확할 수 있는 상태가 된 것이다.

 꿀벌들이 꿀을 수집해 오는 동안에는 절대 꿀을 뜨면 안 되고 수집하는 기간이 끝나고 10일 지난 뒤에 수확해야 한다. 꿀벌들이 신선하고 묽은 꿀을 더 이상 들여오지 않으면 그 시점에 이른 것이다. 부득이한 경우에는 굴절계로 측정하여 벌집 방들이 완전히 봉해진 벌집만 꺼내서 꿀을 뜬다. 따라서 꿀벌들이 꿀을 저장할 만한 상태인지 알려면 충격 시험을 하여 벌집만 살펴보면 된다.

충격 시험(튕기기 시험)

늦은 시기(늦여름)에 수집한 꿀은 수분 함량이 이미 충분히 낮아졌는데도 불구

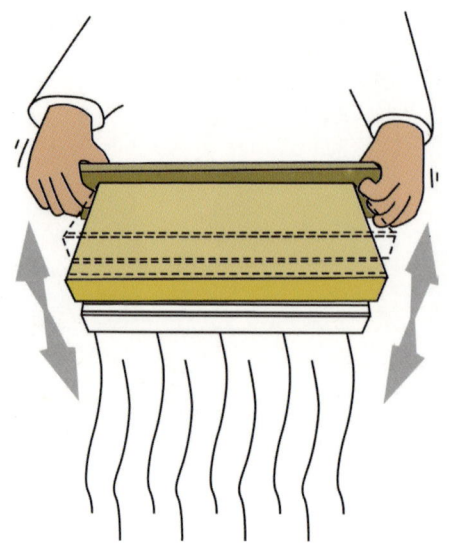

벌집을 흔들거나 충격을 가한다. 꿀방울이 튀어나오면 아직 수확할 때가 되지 않았다는 뜻이다.

하고 벌집의 방들이 아주 서서히 봉해지거나 전혀 봉해지지 않는 경우가 있다. 이럴 때는 충격 시험으로 꿀을 수확할 때가 되었는지 그 여부를 확인할 수 있다.

꿀이 저장된 벌집을 꺼내 가로로 든 채 빠르게 툭 내렸다 올린다. 이 시험에서 꿀이 벌집 밖으로 튀지 않으면 수확할 수 있는 상태인 것이다.

꿀 수확

벌집에 저장된 꿀을 채밀기에 넣고 회전시키거나 압축하려면 그 전에 꿀벌 무리에서 꿀 벌집을 꺼내 와야 한다. 시간은 꿀벌들이 수집을 나가기 전인 이른 아침이나 수집 비행을 끝내고 돌아온 저녁이 가장 좋다. 이때는 달콤한 냄새를 맡고 벌집 뒤를 따라오는 꿀벌들이 거의 없다. 양봉가들은 최대한 꿀벌들이 없는 상태로 벌집을 작업장으로 가져가고 싶을 것이다. 적절한 시간에 꿀 벌집을 가져와야 도둑벌의 피해를 최소화할 수 있다.

수확할 때가 된 꿀 저장 벌집은 신선한 밀랍으로 완전히 봉해져 있다.

꿀을 수확할 때는 훈연기를 자제하여 사용하고, 꿀 벌집에 직접 연기를 보내는 일이 없어야 한다. 꿀에 연기 냄새가 스며들기 때문이다. 분무기나 스프레이 등의 꿀벌 퇴치제는 절대 사용해서는 안 된다.

어떤 방법으로 수확을 하든지 간에 기본 장비가 필요하다. 물이 든 양동이와 걸레도 반드시 챙겨야 하는데, 꿀이 튀거나 도구에 달라붙을 때 씻어내기 위해서이다. 벌집을 더 쉽게 운반하려면 수레를 준비해도 좋다.

많은 양봉가들은 꿀이 가득 든 벌집을 꺼내기 위해서 벌집 집게를 사용한다. 여러분도 사용해보면 좋을 것이다.

방법 A와 C에서는 꿀벌들을 쓸어내린 벌집을 놓을 바닥과 뚜껑이 있는 빈 벌통 상자 혹은 꿀 벌집용 운반 상자가 필요하다.

방법 A: 벌비를 이용하는 방법
필요한 도구: 바닥과 뚜껑이 있는 빈 벌통이나 꿀 운반 상자

꿀 수확하기. 벌비로 벌집에 앉아 있는 꿀벌들을 벌통이나 수집통으로 쓸어내린다.

꿀벌을 쓸어내리는 탈봉기. 솔 사이에 벌집을 넣으면 솔이 이리저리 흔들리면서 꿀벌들을 수집통 아래로 떨어뜨린다.

꿀벌들이 모두 제거된 꿀 벌집. 이제 신속하게 꿀벌들이 없는 곳으로 치운다.

꿀 벌집들을 운반 상자 또는 빈 벌통에 차례로 쌓아 넣는다.

작업 과정

1. 꿀 벌집을 꺼내 알이나 애벌레가 없는지, 제대로 숙성되었는지 검사한다. 벌집 방들이 밀랍으로 봉해졌는지 확인하고 필요한 경우에는 꿀이 튀는지도 시험한다.
2. 벌비를 이용해서 꿀벌들을 벌통 안으로 쓸어내린다.
3. 벌집을 바로 빈 벌통 또는 꿀벌이 들어오지 못하는 벌집 운반 상자에 넣은 뒤 반드시 밑바닥과 뚜껑을 닫는다.
4. 꿀 저장실에서 꿀벌들을 완전히 쓸어내릴 수 있으면 빈 꿀 저장실을 치우고 안쪽 벽에 붙어 있는 꿀벌들도 다른 벌통으로 쓸어내린다. 이 빈 상자는 다른 꿀벌 무리에서 수확하고 난 빈 벌집들을 담는 데 이용할 수 있다. 아직 숙성되지 않은 꿀이 든 벌집들은 꿀벌 무리가 있는 상자에 그대로 남겨 둔다.

단점: 벌집에 있는 꿀벌들을 꿀 저장실로 쓸어내릴 때 꿀벌들 중 일부가 옆에 있는 다른 꿀 벌집으로 날아갈 수 있다. 어떤 꿀벌들은 여러 번 쓸어내려야 해서 금방 불안해 한다.

방법 A´: 나무판으로 반쯤 덮은 원통형 운반통을 이용하는 방법

이 대안은 실용적이며 방법 A의 단점을 보완한다.

필요한 도구: 빈 꿀 운반통, 나무판, 분무기

작업 과정

1. 나무판을 빈 운반통 위에 놓아 입구 절반 정도를 덮는다.
2. 꿀벌 무리에서 꺼낸 꿀 벌집을 운반통에 넣어 거기서 꿀벌들을 쓸어내린다. 벌비에 쓸려 내린 꿀벌들은 운반통과 나무판 아래쪽에 모인다.
3. 벌집을 다른 곳으로 치운 뒤 분무기로 운반통과 나무판 아래쪽에 있는 꿀

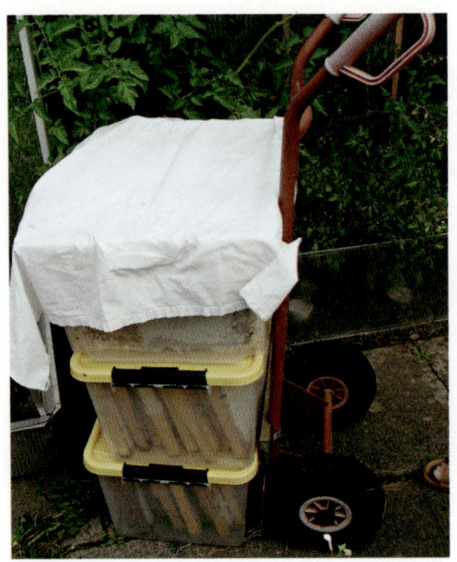 

무거운 꿀 벌집들을 손수레를 이용하여 쉽게 운반할 수 있다.

꿀벌 차단판. 하룻밤이 지나면 꿀 벌집의 꿀벌들이 얼마 남지 않게 된다.

벌들에게 물을 뿌린다.

4. 운반통과 나무판 아래 있는 꿀벌들을 원래 꿀 저장실로 보낸다. 꿀 저장실을 통째로 다른 곳으로 옮겼다면 벌통의 격리판을 치운 뒤 꿀벌들을 육아실로 들여보낸다. 연기를 조금 불어넣으면 쉽게 육아실로 보낼 수 있다. 격리판을 다시 놓고 비닐과 뚜껑을 덮는다.

변형: 어떤 양봉가들은 벌비로 쓸어내린 꿀벌들을 같은 꿀벌 무리의 벌통문 바로 앞에 놓아준다. 이 경우에는 꿀벌들이 문을 통해서 벌통 안으로 들어갈 수 있게 해주는 나무판(도약판)만 필요하다. 급할 때는 격리판을 대신 사용한다.

방법 B: 꿀벌 차단판을 투입하는 방법

꿀벌 차단판은 꿀벌들이 한 방향으로만 지나갈 수 있는 형태로 만들어지며 다양한 종류가 있다. 꿀 저장실과 육아실 사이의 중간 바닥이나 나무판 안에 설치한 뒤 격리판 대신 놓는다. 그러면 꿀 저장실에 있던 꿀벌들이 나머지 꿀벌들에게 가는 길이 막히면서 꿀벌 차단판을 통해서 아래쪽에 있는 육아실로 기어들어 간다.

필요한 도구: 각 꿀벌 무리당 1, 2개의 꿀벌 차단판을 설치한 중간 바닥 하나
최적 시간: 꿀을 수확하기 전날 낮이나 저녁

작업 과정

1. 수확할 때가 된 벌집이 든 꿀 저장실을 한쪽으로 치운다. 필요한 경우 벌집들을 교환해 꿀 저장실에는 밀봉한 꿀 벌집들만 들어 있게 한다. 꿀 저장실에는 봉아 벌집이나 여왕벌이 있어서는 안 된다.
2. 격리판을 치우고 꿀벌 차단판이 설치된 중간 바닥을 위층 육아실 위에 놓는다. 꿀 저장실을 꿀벌 차단판 위로 올린다.
3. 다음날 꿀 저장실에는 소수의 꿀벌들만 남게 된다. 꿀 벌집에 남아 있는 꿀벌들을 솔로 쓸어내린다.

단점: 시간이 많이 걸리고, 특히 이동 양봉으로 벌통이 멀리 떨어진 곳에 있는 경우에는 왕래하는 데 들어가는 비용도 더 많아진다.

방법 C: 탈봉기를 이용하는 방법

탈봉기*를 이용하면 수확을 빠르게 할 수 있다. 구조에 따라서 고정되었거나 회전하는 솔이 벌집에 붙은 꿀벌들을 쓸어내린다. 아래로 떨어진 꿀벌들은 수집통에 있다가 원래의 꿀벌 무리로 되돌려 보낼 수 있다. 그러나 이 꿀벌들을 곧바로 인공 분봉에 이용할 수도 있다. 이 방법은 골츠 벌통처럼 꿀벌 차단판을

---

* 한 방향으로 벌을 쓸어내리는 기구이다.

설치할 수 없는 벌통에도 적합하다.

필요한 도구: 탈봉기, 분무기, 벌집 집게

작업 과정

1. 수확할 때가 된 꿀 벌집을 하나씩 벌통에서 꺼낸다. 이때 대부분은 벌집 집게가 유용하게 쓰인다.
2. 탈봉기에 벌집을 넣어 꿀벌들을 쓸어내리고 꿀벌들은 수집통으로 떨어진다. 탈봉기의 구조에 따라 특정한 작업 방침이 필요하다.
3. 꿀벌이 제거된 벌집은 곧바로 빈 벌통 혹은 벌집 운반 상자에 넣는다.
4. 마지막 벌집에서 꿀벌들을 쓸어내린 뒤 탈봉기의 수집통에 있는 꿀벌들에게 물을 뿌린다.
5. 격리판을 치운 뒤 수집통의 꿀벌들을 위층 육아실로 털어 넣는다. 격리판 위 꿀 저장실에 아직 숙성되지 않은 꿀 벌집들이 몇 개 남아 있다면 나머지 빈 공간에 꿀벌들을 쏟아 넣는다. 꿀 벌집은 도둑벌을 피하기 위해서 수집 비행이 끝난 저녁 시간에만 신속하게 상자별로 반환한다.

꿀뜨기

준비 과정: 꿀 벌집들을 채밀기가 있는 작업장으로 가져간다. 꿀뜨기에 관심이 있는 초보 양봉가들은 조수로서 일을 도울 수 있다.

필요한 도구: 밀랍을 담을 용기, 밀랍 제거용 포크나 칼, 채밀기, 여과기 여러 개, 10 L 꿀통 여러 개, 빈 운반통 여러 개, 통 받침대, 손과 도구들을 씻을 수 있는 물이나 수도 시설.

최적 시간: 꿀은 최대한 따뜻한 상태에서 떠야 좋으므로 꿀벌 무리에서 벌집을 꺼낸 직후가 가장 좋다. 꿀 벌집이 있는 공간을 25도의 온도로 유지했다면 벌

밀랍 제거용 포크를 아래쪽에서부터 위로 밀어 올린다.	밀랍 덮개를 제거한 꿀 벌집을 채밀기에 세운다.

집을 조금 더 오래 놔둬도 괜찮다. 온도가 낮아지면 꿀은 진득해져서 채밀기로 회전시키기가 어렵고 여과기로 잘 걸러지지도 않는다. 따라서 꿀 벌집을 서늘한 상태로 밤새 보관해서는 안 된다.

꿀 벌집 밀랍 제거하기

밀랍으로 봉해진 꿀방의 덮개를 제거해야 벌집을 채밀기에 넣어 회전시킬 수 있다. 벌집을 덮은 밀랍은 밀랍 제거용 포크나 칼을 이용해서 제거한다. 먼저 밀랍을 담는 용기의 받침대 위에 벌집을 놓는다. 벌집에서 흘러내리는 꿀은 용기에 모인다. 포크를 밀랍 덮개 바로 아래에 붙인 채 벌집 아래쪽에서부터 조심스럽게 밀고 가면서 밀랍을 걷어낸다. 벌집 양쪽 면의 밀랍을 차례로 제거한다. 걷어낸 밀랍 덮개에 묻은 꿀은 밀랍 담는 용기에 모아 받아낼 수 있다. 밀랍은 나중에 녹이게 되는데, 그 전에 꿀이 완전히 떨어지게 하거나 특수 용기에 넣어 채밀기에서 꿀을 걸러낸다.

밀랍이 제거된 벌집은 채밀기가 아직 작동 중이면 꿀을 뜰 때까지 받침대에 올려둔다. 꿀방의 덮개는 밀랍 제거용 포크 대신 칼로 제거할 수도 있다.

열풍기를 이용해 밀랍을 제거하는 방법은 논란의 여지가 있다. 나는 이 방법을 좋아하지 않는다. 밀랍이 사방으로 튀고 열풍기 소리도 굉장히 크며 제거된 밀랍을 사용할 수 없기 때문이다. 실제로 이 방법을 사용하는 사람을 옆에서 관찰해보고 판단하는 게 가장 좋을 것이다. 어쨌든 열풍기를 사용해도 열로 인해 꿀이 손상되지는 않는다고 한다.

채밀기로 회전시키기

애벌레가 없는 꿀 벌집을 채밀기에 넣고 회전시켜서 꿀을 걸러낸다. 이 과정에서 나무틀과 벌집기초는 별다른 피해를 입지 않기 때문에 여러 번 반복해서 사용할 수 있다. 꿀을 뜨는 과정은 벌집을 20~25도 이상으로 데운 뒤에 이루어지면 절대 안 된다. 온도가 높아지면 단단한 밀랍이 녹으면서 벌집이 부서지기 때문이다. 따라서 광고에서 종종 보는 '차게 뜬 꿀'이라는 문구는 지극히 당연한 말이다. 대부분의 꿀은 회전에 의한 원심력으로 걸러지며, 압축 꿀은 드물다.

밀랍을 제거한 벌집들을 채밀기 안에 배치한다. 자주 사용되는 고정식 삼각이나 사각 채밀기는 벌집틀 하부가 채밀기의 회전 방향에서 보여야 하는데, 그래야 벌집 방들의 위치가 올바른지 알 수 있다. 채밀기에 벌집을 모두 넣은 다음에 꿀이 흘러나오는 배출구 꼭지가 열려 있는지 확인하고, 이 꼭지 아래쪽에 꿀을 받아 모으는 통을 가져다 놓는다.

채밀기의 손잡이를 천천히 돌려 중간 속도에 이르게 한다. 그런 다음 조심스럽게 속도를 줄인다. 벌집 고정틀이 완전히 멈추면 채밀기를 열고 벌집의 방향을 돌려 넣는다. 벌집 뒷면을 회전시킬 때도 앞에서 묘사한 대로 진행하다가 서서히 더 빠른 속도로 손잡이를 돌린다. 최소 한 번은 더 벌집 방향을 돌려서 마지막으로 다시 회전시킨다.

밝은 색을 띤 벌집은 덜 견고해서 회전하는 과정에서 더 쉽게 부서진다. 이런 현상을 막으려면 조심스럽게 속도를 올리면서 벌집을 회전시키고 방향을 바꿔 회전한 다음 똑같은 방법으로 한 번 더 반복해야 한다.

벌집 2매용 소형 채밀기는 마주보는 형태로 된 벌집 고정틀에 넣은 벌집이 무게가 같아야 한다. 그렇지 않으면 채밀기가 불균형해져서 매우 불안정하게 돌아간다.

꿀 거르기

거칠거나 고운 밀랍 입자나 꿀벌들의 신체 일부가 꿀에 들어가는 일이 생기면 절대 안 된다. 이를 예방하려면 꿀을 담는 통 위에 여과기를 설치해서 불순물을 걸러내야 한다. 금속으로 된 이중 여과기도 사용되지만 망사판이 다소 성기고 꿀이 관통하는 표면이 더 작아서 빨리 막히는 단점이 있다. 과거에는 여과 천으로 한 번 더 꿀을 걸렀다. 나는 원뿔 형태의 여과기가 더 실용적이라고 생각한다. 규모가 큰 양봉장에서는 빠른 시간에 많은 양을 거를 수 있는 여과 상자들을 사용한다.

큰 보관통으로 옮겨 채우기

채밀기 아래 세워둔 통에 받은 꿀을 약 20 kg 혹은 40 kg을 수용할 수 있는 플라스틱 통이나 스테인리스 통으로 옮겨 담는다. 통 받침대가 있으면 이 과정이 수월해진다. 나중에 꿀을 저어주어야 하고, 그 과정에서 꿀이 넘치면 안 되기 때문에 적어도 10 cm의 여유는 남겨두고 통을 채워야 한다.

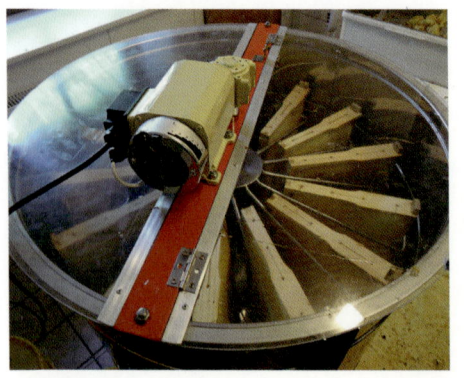
모터가 달린 방사형 채밀기

벌집 3매용 고정식 수동 채밀기

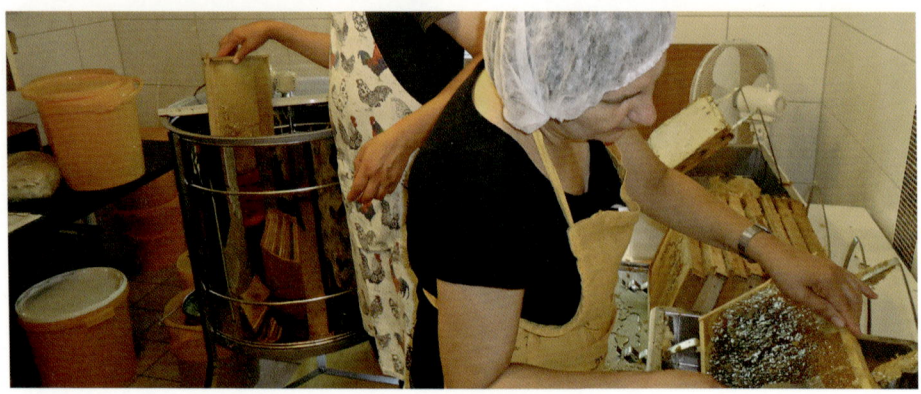
채밀실에서의 위생적인 작업. 밀랍 제거(오른쪽)와 꿀뜨기(왼쪽)

스테인리스로 된 이중 여과기로 꿀을 거른다.

꿀통 위에 설치한 나무 삼발이에 원뿔 형태의 여과기가 걸려 있다.

꿀뜨기 마치기

모든 벌집을 회전시켜 꿀을 떴다면 채밀기를 비스듬하게 기울인 채 공회전을 시킨다. 꿀 보관통은 뚜껑을 닫은 뒤 물기가 없는 다른 곳에서 보관해 둔다. 이제 채밀기, 밀랍을 담은 용기, 여과기와 같은 도구들을 따뜻한 물로 씻어내고 주변을 청소한다.

벌통에 벌집 가져다 놓기

채밀이 끝난 벌집은 꿀벌들이 수집 비행을 마친 저녁 시간에 각 벌통에 부분적으로 비어 있는 꿀 저장실에 개별적으로 가져다 놓는다. 그러면 꿀벌들이 밤사이에 벌집을 청소하고 고쳐놓는다. 마지막 채밀이 끝난 벌집들은 꿀이 묻은 상태로 넣어둘 수도 있다.

장점: 꿀이 부족한 7월과 8월에는 도둑벌이 적다.

단점: 벌집에 찌꺼기가 쌓일 위험이 있다.

채밀기의 종류와 크기

시중에 판매되는 채밀기의 형태와 크기는 매우 다양하다. 채밀기는 다음과 같은 기준에 따라 구분된다.

- 구동 방식에 따른 분류: 수동 손잡이나 모터
- 벌집을 넣는 철망에 들어가는 벌집 개수에 따른 분류: 2~40개, 또는 그 이상
- 벌집의 위치에 따른 분류: 삼각이나 사각형, 방사형, 또는 바퀴형 채밀기
- 벌집의 방향을 직접 돌려야 하는지 혹은 벌집의 방향이 자동으로 전환되는지에 따른 분류: 고정식 채밀기와 자동 전환식 채밀기

최대 4개의 꿀벌 무리를 키우는 소규모 양봉장에는 벌집 3매용 수동 채밀기면 충분하다. 그러나 수확량이 풍부할 때는 꿀벌 무리가 적더라도 꿀을 뜨는

일이 힘들고 시간도 많이 걸린다. 따라서 너무 작은 채밀기를 구입하는 건 좋지 않다. 벌집 2매용 채밀기는 너무 작다. 그리고 수동 채밀기는 나중에 모터가 달린 채밀기로 교체할 수 있다.

> **스테인리스 용기**
>
> 꿀을 담는 통과 채밀기는 녹이 슬지 않는 스테인리스 제품이나 식품에 해롭지 않은 플라스틱 제품으로 구입해야 한다. 모든 도구와 용기는 깨끗하게 청소해서 물기가 없고, 먼지가 쌓이지 않도록 비닐로 덮어서 보관한다. 채밀기 하나를 다른 동료들과 함께 이용할 수도 있다.

꿀 압축하기*

대안 벌통이 나오면서 꿀을 압축하는 일도 많아졌다. 길쭉하고 얕은 벌통이나 톱바 벌통 같은 대안 벌통은 꿀 압축의 르네상스를 일으켰다. 벌집을 잘게 잘라 통에 넣어 두었다가 국자로 떠서 압축기에 채워 넣으면 암수 나사의 회전자가 서로 맞물리면서 벌집의 꿀이 압축된다. 압축꿀은 채밀기로 거른 꿀과 맛이 약간 다르고 농도가 더 진하다. 꽃가루와 같은 물에 녹지 않는 물질의 함량은 채밀기로 거른 꿀보다 최대 5배 정도 높다. 압축하고 남은 찌꺼기는 녹일 수 있는데, 이때 벌집은 완전히 부서져버린다. 벌집의 나무틀을 전혀 사용하지 않거나 최소한의 벌집기초만 사용하는 벌통은 압축꿀이나 벌집꿀을 얻는 데 적합하다. 동체와 내부 구성품이 스테인리스 소재로 된 압축기를 사용해야 하며, 이런 압축기는 과일과 장과류 압축기로도 사용된다.

---

* 토종꿀의 채취 방법과 거의 유사하여 토종꿀과 비슷한 품질의 꿀을 생산한다.

나사형 압축기에서 압축된 꿀이 여과기를 거쳐 통으로 흘러들어 간다.

채밀기나 압축기가 필요 없는 벌집꿀

애벌레나 번데기가 섞이지 않고 벌집기초가 들어가지 않은 꿀 벌집, 또는 첫 시작 부분에만 벌집기초 띠가 들어간 꿀 벌집은 밝은 색을 띤 밀랍 덮개로 봉해진 상태로 보관했다가 벌집꿀로 밀랍째 먹을 수 있다. 랑스트로스 벌통에서도 특수한 나무 상자나 벌집기초를 제거하는 도구를 이용해 벌집틀에 있는 벌집꿀을 얻을 수 있다. 벌집꿀은 냉동용 지퍼팩에 담아 보관하는 방법이 간단하면서도 위생적이다.

숟가락으로 거품을 걷어낸다. 반죽 주걱을 사용해도 좋다.   프로펠러가 달린 스테인리스 젓개. 무선 충전 드릴로 작동한다.

꿀 관리

채밀이 끝난 꿀은 다음날부터 꿀 표면에 거품과 미세한 입자가 포함된 기포가 생기는데 이것들은 주걱이나 숟가락을 사용하여 걷어내야 한다. 물론 거품이 있는 꿀을 그대로 먹어도 큰 문제는 없다.

꿀 속에 포함된 자연적인 결정 생성 입자를 고르게 분배하면 꿀은 매우 균일하게 결정화된다. 따라서 꿀의 양이 적을 때는 일반적인 젓개를, 양이 많을 때는 나선형의 젓개나 꿀 전용 젓개를 이용해 휘저어준다. 시중에서 다양한 형태의 도구를 구입할 수 있다. 봄꿀은 8~14일 안에 결정화되기 때문에 매일 저어주어야 한다. 색깔이 짙은 숲꿀은 채밀 이후 약 3~9개월 사이에 결정화된다. 적어도 일주일에 한 번 정도는 저어야 한다. 꿀을 젓는 방법은 일정하지 않고 양봉가들마다 자기만의 방식을 갖고 있다. 따라서 여러 양봉가들의 다양한 방법을 참고하면 좋다.

꿀 담기

크림처럼 되직하거나 굳은 꿀은 약간 불투명해졌을 때 담는 것이 좋다. 핀치콕이 달린 통에 꿀을 보관했다가 바로 유리병에 담을 수 있다. 물기를 잘 말린 깨끗한 유리병을 저울에 올린 다음에 정해진 양의 꿀을 채워 넣으면 된다. 집에서 먹을 꿀이라면 무게를 잴 필요는 없다.

꿀병 뚜껑의 안쪽에는 모서리에 끼워 넣는 플라스틱 또는 종이 판지를 댄다. 그러나 이런 판지가 필요 없는 뚜껑들도 있다. 유리병과 판지, 상표 등은 양봉용품점에서 구입할 수 있다.

DIB(독일 양봉 연합회) 표준 유리병

표준 유리병은 유리병과 뚜껑, 보증 띠지, 등록된 상표로 구성된다. 독일 양봉 연합회의 구성원들만이 자신들이 수확한 꿀을 DIB 표준 유리병에 담아 납세

독일에서 널리 알려진 상표이다. DIB 표준 유리병에 순수 독일 꿀이 담겨 있다.

필증 띠를 붙여 표시할 수 있다. 그러나 국가에서 정한 꿀에 관한 규정과 DIB가 요구하는 여러 가지 상품 규정을 준수해야 하는 전제조건이 있다. 또한 양봉 단체나 꿀벌 연구소에서 주관하는 DIB의 '꿀 교육 과정'도 수료해야 한다. 그래야 양봉가가 꿀을 얻는 데 필요한 지식을 습득했다는 사실이 보증된다.*

결정화된 꿀 녹이기

꿀을 저어준 다음 곧바로 병에 넣지 않는다면 공기가 통하지 않는 밀폐된 통에 넣어 결정화시킬 수 있다.

꿀 저장 조건: 15도 미만의 건조하고 깨끗한 곳

굳은 꿀을 다시 녹일 때는 뚜껑이 닫힌 꿀통을 꿀 전용 온장고에 넣는다. 이 온장고의 온도는 적정 수준을 유지하도록 해준다. 온도가 높으면 꿀이 손상되기 때문에 최대 온도가 40도를 넘으면 안 된다. 꿀이 녹으면 잘 저어준 다음에 병에 담는다. 온장고의 추가 온도계를 점검해서 꿀이 과열되는 일이 반드시 없도록 한다.

수분 함량 점검

광학 측정기인 굴절계로 꿀의 수분 함량을 확인할 수 있다. 굴절계는 협회나 동료 양봉가에게 빌릴 수 있다. 수분 함량이 지나치게 높은 꿀은 빨리 발효된다. 그런 꿀은 요리를 하거나 빵을 구울 때, 또는 꿀술을 만들 때 사용한다.

---

* 우리나라에는 한국 양봉 협회의 양봉산물 검사소에서 검사 후 등급을 부여하는 '한 벌꿀 생산이력'이라는 제도가 있다. 등급필증에 있는 QR코드와 일련번호를 통해 구입한 벌꿀의 생산지역, 생산자, 생산년도, 유통기한, 등급 등을 즉시 확인할 수 있다.

식품 위생

꿀 수확은 대부분 일 년에 두 차례 정도 이루어진다. 따라서 소규모 양봉장에서는 독립된 꿀 생산 공간을 따로 마련하지 않아도 된다. 그러나 별도의 채밀 공간을 마련한다면 본인뿐만 아니라 동료 양봉가들이 부엌이나 세탁장, 또는 지하실을 개조하느라고 들이는 시간과 노고를 덜어줄 수 있다.

위생과 관련된 다음의 기본 조건들은 반드시 지켜야 한다.

1. 일을 시작하기 전에 채밀 공간을 청소하고 관련 도구들을 깨끗하게 씻어야 한다.
2. 손을 씻을 수 있는 시설과 일회용 타올이 있어야 한다. 특히 수도가 연결되어 있지 않은 가든 하우스나 가든 하우스형 벌통에서 작업을 하는 경우에는 휴대용 세면대를 가져가면 좋다.
3. 커튼이나 책장처럼 먼지가 쌓인 물건들은 다른 곳으로 치우거나 비닐로 덮어둔다.
4. 작업을 하는 동안 반려동물은 절대 들어오지 못하게 한다.
5. 작업 도구들을 세척할 환경이 갖춰져 있어야 한다. 도구가 더러워지면 청소할 수 있는 곳으로 옮겨야 한다. 작은 도구들과 꿀병은 식기세척기를 사용하는 것이 좋다. 부피가 큰 도구들은 뜨거운 물로 충분히 씻어낸다.
6. 꿀을 뜨고 담는 일을 하는 공간에서 그 외의 일은 절대 하지 말아야 한다.
7. 작업 공간의 구조가 효율적으로 배치된 곳이 좋다.
8. 청소하기 어려운 바닥은 미리 비닐을 깔아둔다.
9. 양봉가와 그의 조수는 깨끗한 작업복과 두건을 착용해야 한다. 작업이 이루어지는 내내 작업 공간에서 음식을 먹거나 담배를 피우는 등의 행동은 절대 금물이다.
10. 가든 하우스를 이용할 때도 모든 작업은 같은 환경에서 이루어져야 한다.

꿀과 보툴리누스 식중독

브란덴부르크에서 일어난 사건을 계기로 1989년부터 젖먹이 보툴리누스 식중독이 다시 공론화되었다. 보툴리누스 식중독은 클로스트리듐 보툴리눔이라는 세균의 물질대사 과정에서 생성된 독신(신경독)을 섭취함으로써 발생한다. 복통과 설사, 마비 증세가 나타나며 심한 경우에는 호흡 장애로 죽음에 이를 수도 있다.
이 세균은 물, 토양, 식물 등 어디에나 존재하며 꿀벌들이 이 세균을 옮겨서 꿀에도 들어갈 수 있다. 다행히도 꿀에서는 세균이 번식하지 못하고 어린이와 청소년, 성인의 장에서도 활성화되지 않는다. 다만 12개월 미만의 아기는 소화 기관이 예민하기 때문에 문제가 될 수 있다. 따라서 사전에 위험을 차단하기 위해 12개월 미만의 젖먹이에게는 꿀을 주지 않을 것을 권한다(폰 데어 오에, 첼레 꿀벌 연구소 2001).

소규모 양봉장을 위한 제안

도시에 살거나 소규모의 꿀벌 무리를 갖춘 양봉가들은 공동으로 작업하고, 마찬가지로 각종 도구도 함께 사용하는 것이 좋다. 다음의 대안들이 자극제가 될 수 있을 것이다.

- 여러 양봉가들이 작업 공동체를 형성해 공동으로 적합한 공간을 이용할 수 있다. 값비싼 대형 도구들 역시 공동으로 구입해서 사용할 수 있다.
- 학교 급식소처럼 적당한 공간을 함께 빌리고 필요한 경우 대형 도구들도 공동으로 빌리는 방법이 있다. 몇몇 양봉 협회는 회원들이 공동으로 사용할 채밀 공간과 모든 장비를 갖추고 있다.
- 적합한 채밀 공간은 있지만 꿀을 담는 공간이 없을 때에는 대규모 양봉장에서 꿀을 담거나 전문 업체에 맡겨서 처리할 수 있다.
- 꿀벌 무리가 한두 개뿐인 양봉장은 위생 조건을 충족시키지 못하면 꿀을 판매하기보다는 직접 소비하는 편이 좋다.

꿀 판매

양봉가가 직접 생산한 꿀의 상당 부분은 이웃과 동료, 친구, 지인들에게, 다시 말해서 양봉가와 가까운 주변 사람들에게 판매된다. 다만 꿀벌 무리가 많은 경우에는 판매에 대해 더 신중하게 고민해야 한다.

꿀병과 라벨

상품을 판매할 때는 포장, 즉 꿀병의 형태와 라벨도 상품만큼이나 결정적인 역할을 한다. 사람들의 시선을 끌 수 있는 다양한 방법을 생각해야 한다.

양봉 단체의 제품

여러분이 DIB(독일 양봉 연합회)의 회원이고 조합에서 주관하는 양봉 교육 과정을 수료했다면 이 조합의 유명한 유리병과 납세필증 띠를 사용할 수 있다.

간편하고 실용적인 꿀 가판대

지역 생산물 자동판매기

통나무 벌통이 고객들을 시선을 사로잡는다.

소비자는 특정 협회에 소속된 양봉가의 제품을 구매한다. 이는 꿀이 협회가 정한 기준을 충족시켜 품질이 좋을 것이라는 기대감이 있기 때문이고, 더 나아가 그 협회가 표방하는 철학을 지지하기 때문이기도 하다.

상품의 포장과 협회의 이름은 상품 규정에 의해 보호받는다. 누구도 그것을 무단으로 사용할 수 없다. 판매자는 라벨을 붙여서 비교적 높은 가격으로 판매할 수 있다. 하지만 이는 해당 라벨을 붙이는 양봉가가 그 상품에 요구되는 모든 사항을 반드시 충족시켜야 한다는 것을 의미하기도 한다.

소비자에게 제품 정보를 전달하는 라벨

소비자에게 제품에 대한 정보를 충분히 제공하고 식품 위생법에 따른 권고 사항들을 지켰다는 것을 알리기 위해서는 제품 표시가 필수적이다. 양봉 협회와 양봉용품점에는 여러 가지 라벨이 있다. 양봉용품점에서는 DIB 유리병의 납세필증 띠처럼 유리병과 뚜껑에 연결해서 붙이는 목이 긴 라벨을 구입할 수 있다. 구매자는 라벨의 상태를 보고 병이 개봉되었는지 아닌지를 곧바로 알게 된다. 라벨을 부착하는 것이 법으로 규정된 것은 아니지만 이는 소비자에게 신뢰감을 준다.

법으로 규정된 표시 사항*

- 꿀의 개념은 꽃꿀, 넥타꿀, 채밀꿀처럼 변형된 개념을 사용해도 무방하다. 주요 밀원의 종류와 원산지, 또는 특징 등으로 보완하여 표기할 수 있다.
- 유통기한이나 품질유지기한
- 고유번호(전체 꿀 생산량/ 채밀량 표시): 연도와 달, 날짜까지 유통기한이 표시된 경우 생략할 수 있다.
- 250 g, 500 g, 1.5 kg 등의 용량
- 양봉가나 꿀을 생산한 업체의 이름과 주소

기타 표시 사항

- 채밀 시점: 예를 들면 봄꿀, 여름꿀
- 꿀의 종류: 유채꿀, 헤더꿀, 피나무꿀, 아까시꿀
- 지역 표시: 메클렌부르크 꿀, 브레멘 꿀

자기만의 병과 라벨

자기만의 꿀병을 고르고 병과 어울리는 자기만의 라벨을 사용하고 싶은 사람은 그 둘을 자유롭게 조합할 수 있다. 협회에서 생산한 유리병을 사용하는 양봉가들도 있는데, 이는 오랜 기간 정평이 난 믿을 만한 유리병을 원하는 고객을 위해서이다. 한 연구에 따르면 독일에서는 대부분의 양봉가가 꿀을 DIB 표준 유리병에 담아 판매한다고 한다. 한편 꿀이 감기를 예방한다거나 면역력을 강화한다는 식으로 광고하는 것은 금지되어 있다.**

---

* 우리나라에서는 법으로 규정된 표시사항을 지키는 사람은 거의 없다. 자기의 신용을 지키기 위해 생산 이력을 표기할 뿐이다.
** 병과 라벨에 관해서 법으로 규정된 사항은 없지만 보통 1.8 L(2.4 Kg)의 유리병이 표준규격으로 사용된다. 최근에는 플라스틱 페트병이 개발되어 유통된다.

왼쪽의 벌집은 보관했다가 다시 사용할 수 있다. 나머지 벌집 두 개는 녹여서 없애야 한다.

밀랍에 관한 모든 것

과거에는 밀랍이 매우 귀했다. 밀랍으로 만든 초는 제단에 꽂을 때처럼 특별한 경우에만 사용될 정도였다. 밀원이 풍부한 경우, 특히 유채꽃에서는 벌집기초를 넣어주었을 때 수집 활동이 왕성한 꿀벌 무리 하나당 매년 30%가 넘는 벌집을 교체하게 된다. 밝은 색 벌집은 건강한 꿀벌들에게 꼭 필요하다. 반면에 어두운 색으로 변한 봉아 벌집은 병원체를 갖고 있거나 부채명나방 애벌레 같은 해충이 생겼을 수 있다. 양봉장에서는 오래된 벌집들과 수벌용 벌집, 꿀 저장 벌집에서 나오는 밀랍을 녹일 수 있다.

벌집에서 얻은 밀랍은 양봉용품점에서 가공비를 주고 완성된 벌집기초로 교환할 수 있다. 양봉용품점과 장애인 작업장에서는 밀랍의 양이 얼마 되지 않아도 벌집기초를 만들어 제공한다. 양봉가가 직접 벌집기초를 직접 만들거나 주조 처리나 담금 처리를 이용해 밀랍초도 만들 수도 있다.

벌집을 녹이는 도구

양봉장의 크기에 따라서 주방 도구를 사용하거나 밀랍을 녹이는 기구를 구입하는 것이 좋다. 그 종류는 매우 다양하다. 다음에 이어지는 설명을 참고하여 각자 어떤 방법을 사용할지 고민해보자.

냄비: 사용한 벌집을 칼로 자르거나 나무틀째로 약 80도의 뜨거운 물에 넣는다. 액상을 띤 밀랍을 국자로 떠서 스타킹이나 거름망과 같은 여과기로 거른다. 이어서 찌꺼기를 안감이 있는 고무장갑을 끼고 손이나 나사형 압축기로 짠다. 밀랍을 녹인 냄비는 더 이상 조리용으로는 사용하기 어렵다.

착즙기: 잘게 자른 벌집을 물과 함께 착즙기에 넣는다. 더 이상 사용하지 않는 낡은 착즙기가 좋은데, 그래야 과일 주스에 다른 맛이 섞이지 않는다. 이 방법은 꿀벌 무리가 적은 소규모 양봉장에서만 사용된다.

증기 발생기: 특수한 통을 사용하거나 밑바닥과 뚜껑이 있는 낡은 벌통 두세 개를 개조해서 사용할 수 있다. 아래쪽 벌통은 증기 발생기의 관과 연결하기 위해 구멍을 뚫고 금속 격리판으로 덮는다. 위쪽 벌통에는 벌집을 나무틀째로 걸거나 잘게 자른 벌집들을 격리판 바로 위에다 둔다. 그리고 증기 발생기에 물을 채우고 케이블을 연결하여 전기를 공급한다.

증기가 나오면 벌집이 녹으면서 배출구로 밀랍이 흘러나온다. 찌꺼기에도 여전히 밀랍이 남아 있어서 필요하면 압축하여 밀랍을 더 얻을 수 있다. 그러나 시간이 많이 들어서 많은 양봉가들이 시도하지는 않는다.

증기 용랍기: 양봉용품점에서 나무틀째로 벌집을 녹이는 다양한 크기의 기구를 판매한다. 어떤 기구들은 바로 수도관과 연결된다. 물을 가열하려면 가스나 전기가 필요하고 만듦새에 따라서 나사형 압축기로 압축할 수 있다. 밀랍 녹이는

증기 발생기. 용기에서 밀랍이 흘러나온다.   일광 용랍기에 벌집을 배치한다.

시간을 개인적으로 조정할 수 있으니 여러 양봉가가 공동으로 구입하면 좋다. 스테인리스로 된 제품은 황금빛 밀랍을 보장할 것이다.

일광 용랍기: 벌집 두세 개 이상을 녹이는 기구가 판매되고 있다. 함석판에 나무 틀째 벌집을 놓으면 태양이 밀랍을 녹이고, 녹은 밀랍은 아래쪽에 있는 수집통으로 흘러들어 갔다가 나중에 정제된다. 대부분은 용랍기를 햇볕이 잘 드는 곳으로 가져와야 한다. 에너지를 절약할 수 있는 장점이 있지만 구름이 많은 날이나 겨울에는 완전히 무용지물이다.

작업 시기

대부분의 벌집은 4월에서 10월까지는 일광 용랍기로 녹이고, 가을과 겨울에는 꿀벌들이 없을 때 증기로 녹이는 방법이 가장 좋다. 많은 양봉용품점에서는 더

벌집기초를 굴려서 초를 만든다. 대개 심지는 한쪽 방향을 향한다.

이상 빈 벌집들을 녹이지 않고 밀랍 덩어리들만 받아들인다. 수벌용 벌집들은 그때까지 보관해두지 못한다. 일정한 간격이 있는 냉동고에 보관하는 경우가 아니라면 말이다. 따라서 벌집을 바로 또는 잠시 냉동을 시켰다가 녹이거나 일반 쓰레기와 함께 소각해야 한다.

밀랍 덩어리 주조

용랍기에서 나온 밀랍은 대부분 양동이에 받는다. 거기서 볼품없이 덩어리로 굳어지고 상당히 더러운 상태가 된다. 이 덩어리를 다시 물로 가열해 거름망이나 스타킹으로 걸러서 하나의 형태가 만들어지도록 빈 냄비나 양동이에 붓는다. 밀랍이 식으면 밀랍 덩어리를 틀에서 분리할 수 있다. 이때 밀랍이 담긴 용기에는 아직 물이 있으니 조심해야 한다. 덩어리 아래쪽의 미세한 오염 층은 끌로 긁어낸다.

벌집기초를 구입할 것인가? 아니면 직접 만들 것인가?

특정한 바로아 응애 방제 약제가 밀랍에 잔류한다는 사실이 알려진 이후로 일부 양봉가들은 잔류물이 없는 벌집기초를 구입하거나 직접 만들어서 사용하려고 한다. 이를 위해서는 최대한 수벌용 벌집과 꿀 벌집에서 벗겨낸 밀랍을 사용해야 한다. 벌집기초를 위한 주조 형태는 양봉용품점에서 사용 안내서와 함께 구입할 수 있고, 이 작업은 자재를 구입하기 전에 실습 과정에서 연습해야 한다. 그럴 시간이 없는 사람들은 차라리 시판되는 벌집기초를 사용하는 편이 낫다.

밀랍을 재활용하기 전에 여러분이 사용하는 벌집과 벌통의 이력부터 확인해야 한다. 꿀벌과 벌통을 판매한 사람이 유기산만으로 바로아 응애를 방제했다면 밀랍에 잔류물은 전혀 없을 것이다. 그렇지 않다면 벌집을 새로 고쳐야 하고, 벌통과 나무틀을 양잿물에 담가 세정하는 방식으로 다년간에 걸쳐 그 잔류물을 희석시켜야 한다. 새 벌통과 분봉 무리로 양봉을 시작하면 최악의 경우에 꿀벌들을 통해서 극소수의 잔류물이 밀랍에 포함될 수 있지만, 이 잔류물은 곧 희석된다.

밀랍 덩어리에 남은 오염물은 끌로 제거한다.

꿀벌의 밀랍으로 만든 초

벌집 저장고. 밝은 색을 띤 벌집만 보관하고 부채명나방의 피해를 입지 않도록 주의한다.

벌집 보관

벌집 방들이 이미 다 지어진 벌집이나 먹이를 저장했던 벌집을 사용하면 꿀벌들의 일이 줄어든다. 그러나 벌집을 제대로 보관하지 않으면 그 피해가 어마어마하게 클 것이다.

- 부채명나방 애벌레는 벌집에서 꽃가루와 고치 잔여물을 먹는다. 이런 벌집들은 완전히 없애야 한다. 부채명나방은 벌집을 망가뜨리는 주요 적이다.

- 도둑벌들과 다른 곤충들도 부분적으로는 벌집을 파괴한다. 따라서 곤충이 접근하지 못하게 보관해야 한다.
- 벌집에 남은 먹이도 부저병처럼 이론적으로는 병원체를 포함하고 있을 가능성이 있다.
- 쥐와 다른 유해동물도 벌집을 먹거나 벌통에서 산다. 쥐 오줌은 고약한 냄새가 난다.

벌집을 보관할 때 주의할 점

- 부채명나방의 먹이가 없으면 벌집기초가 망가지지 않는다.
- 산란하지 않은 밝은 색 벌집만 보관하는 것이 좋다. 부채명나방은 위생적인 벌집에 매력을 느끼지 않는다.
- 마지막 채밀 이후 꿀이 묻어 있는 벌집은 부채명나방 애벌레가 별로 좋아하지 않는다. 이런 벌집에는 간간이 갉아먹은 피해가 발생한다.
- 10도 이하의 저온에서 보관하면 부채명나방의 피해를 막을 수 있다. 벌집을 적어도 2주 동안 냉동시키는 것도 가능하다.

벌집을 확실하게 지키려면 벌집 저장고나 벌통에 아세트산을 증발시켜 살균해야 한다. 그 대신 개미산을 사용해도 된다. 우선 느슨하게 벌집 몇 개만 채워 넣은 벌통 상자들을 나무판 위에 차곡차곡 쌓아올린다. 맨 꼭대기 상자에는 벌집들과 함께 식초나 개미산 약 100 ml를 넣은 그릇을 넣는다. 약제가 완전히 소진되어야 하고, 4~6주 뒤에 같은 방식으로 살균 처리를 반복한다. 이때 눈을 찌르는 매캐한 증기가 새어나오므로 지하실을 환기시켜야 한다. 작업할 때는 고무장갑과 보호 안경을 착용한다. 살균 처리한 벌집은 다시 사용하기 전에 최소한 며칠 동안 바람이 잘 통하는 곳에 두어야 한다. 벌집의 금속 부분은 산에 의해 부식되어 녹이 슬 수 있으니 주의한다. 스테인리스강으로 된 것은 녹슬

부채명나방 애벌레(작은 사진)가 섬세하게 줄을 치며 벌집을 지나간다. 부채명나방 애벌레는 고치 껍데기와 남은 꽃가루를 먹는다.

크고 작은 부채명나방. 벌집에 알을 낳고 애벌레들이 벌집에 해를 입힌다.

지 않는다.

    응애를 없앨 때 쓰는 개미산이 항상 양봉장에 비치되어 있기 때문에 나는 주로 개미산을 사용한다. 바로아 응애를 방제할 때는 두 종의 산을 바꿔서 사용하면 절대 안 된다. 벌집을 보관하는 기간이 짧을수록 부채명나방으로 인한 피해도 적게 받는다. 따라서 꿀벌들이 건강한 상태를 유지하려면 끊임없이 벌집을 수선해야 하며, 이는 분봉열을 막아줄 것이다.

권장하지 않는 방법

좀약에 함유된 독성 물질은 밀랍을 거쳐 꿀에 이른다. 따라서 절대로 사용하면 안 된다.

예전에는 유황으로 살균 처리하는 방법을 많이 권했었다. 벌집 저장고에서 양철통에 넣은 유황을 태우게 했는데 열이 발생하여 화재 위험이 있었다. 이때 발생하는 이산화황이 공기 중의 습기와 결합해 유황의 산, 즉 황산이 된다. 황산은 매우 강렬한 맛이 나기 때문에 원칙적으로 꿀에 포함되어서는 안 된다. 예전에는 좀 피해를 막기 위해서 호두나무 잎을 사용하기도 했었다. 그러나 잔류 가능성이 있어서 이것 역시 더 이상 권장되지 않는다.

밀랍의 접착제 기능

액체 상태의 밀랍은 수벌용 벌집이나 짝짓기 상자를 위한 나무틀에 벌집기초띠를 붙일 때 사용한다.

벌집 교체. 오래되어 검게 변한 벌집은 녹여야 한다.

작업 과정

1. 밝은 색의 천연 벌집이나 벌집기초들에서 나온 밀랍을 양철통에 넣어 중탕한다.
2. 밀랍이 완전히 녹으면 숟가락으로 떠서 접착제로 사용할 수 있다. 밀랍이 식으면 용접을 한 것처럼 대상에 단단히 붙는다. 사양액을 넣는 통이나 광식 사양기로 밀랍을 구석에 부어 모서리를 따라 흐르게 함으로써 새지 않게 유지한다.

냄비에 물을 넣지 않고 밀랍을 바로 가열하면 절대 안 된다. 화재가 일어날 가능성이 매우 높기 때문이다. 만일 불이 붙었다면 물을 뿌리는 게 아니라 소방담요로 덮어서 꺼야 한다. 불이 붙을 위험이 있으니 가스레인지를 사용하기보다는 전기레인지로 중탕하는 편이 훨씬 좋다.

이동 양봉

밀원 식물이
있는 곳으로
운반하기

7

올바른 준비 과정

양봉가들은 꿀 수확량을 높이거나 꿀이 부족한 시기를 극복하기 위해서 꿀벌 무리를 데리고 이동한다. 꿀벌을 판매하는 사람이 자신의 양봉장으로 꿀벌을 운반할 때도 같은 방식으로 진행된다.

이동 준비

이동하기 몇 개월 전부터 다음 사항들을 점검하고 전문 양봉가와 충분히 의논해야 한다.

- 목적지가 현재의 양봉장에서 최소한 3~5 km는 떨어진 곳에 있나? 거리가 너무 가까우면 꿀벌들은 이전 양봉장으로 되돌아간다.
- 선택한 장소는 꿀을 충분히 제공하는 곳인가?
- 관할 관청의 수의사나 지역 양봉 협회의 꿀벌 건강 담당자에게 꿀벌들의 상태를 확인하게 한 뒤 건강 증명서를 발급 받는다. 봉아권의 중간에 있는 산란/부화 벌집의 표본을 채취해 꿀벌 연구소에 검사를 의뢰하고 그 결과를 받았나? 여러분의 양봉장이 부저병 통제 구역에 있어서 벌통 차단 조치가 내려지지는 않았나? 마을과 도시의 경계를 넘어 이동하기 위해서는 건강 증명서가 필요하다. 지역 양봉 협회나 동물 보호 및 관리 관청의 담당자에게 문의하는 것이 좋다.
- 목적지의 관할 관청 수의사나 이동 양봉 담당자에게 부저병 통제 구역, 짝짓기 상자 보호 구역, 이동 장소 지정 등 이동에 관한 제한 사항이 있는지 확인한다.
- 목적지의 토지 소유자가 벌통을 배치하는 데 동의했나?
- 꿀벌과 채밀할 때가 된 꿀을 어떻게 운반할 것인가? 소나기가 오거나 지

꿀벌들이 밖으로 나가지 못하게 단단히 준비한 벌통으로만 운반한다.

나간 뒤에 피할 곳은 있나?
- 여러분의 꿀벌 보험에 이동 양봉 사항이 포함되어 있나? 보험 회사에 추가 사항을 신고해야 하나?
- 주어진 기상 상황을 감안할 때 적지 않은 시간과 수고를 들일 만한가? 장기적인 날씨 상황은 어떤가?

합리적인 계획 수립
이동 양봉장이 멀리 놓여 있을수록 꿀벌들이 양봉가를 보는 일도 드물어진다. 다시 말해서 내검을 위해 충분한 상자와 벌집 등을 갖추고 있어야 한다는 뜻이다. 벌통에서 꿀 벌집을 가져올 때는 날씨가 좋지 않은 시기를 대비해서 꿀벌들에게 먹이를 충분히 제공해야 한다.

꿀벌 무리 준비

벌집이 미끄러져 꿀벌들이 짓눌리지 않게 하려면 벌집의 간격을 유지시켜 주는 스페이서를 부착해야 한다.

벌통 안전 조치: 벌통을 생산하는 모든 회사가 상자들을 단단히 결합되는 구조

올바른 자세로 수레를 이용하여 꿀벌을 운반하면 힘이 상당히 덜 든다.

로 만들지는 않는다. 이런 각각의 상자들은 끈이나 탄성이 있는 띠로 묶어서 분리되지 않도록 해야 한다. 돌발 사고를 피하려면 무엇보다 벌통 바닥에 틈새가 없는지 확인하는 것이 좋다. 틈새가 있으면 꿀벌들이 그 틈새를 출구로 이용할 것이다.

공기 공급 안전 조치: 특히 날이 더울 때는 꿀벌들에게 신선한 공기를 충분하게 공급해야 한다. 따라서 이동 시간이 오래 걸릴 때는 벌통 뚜껑을 공기가 잘 통하는 환기 철망으로 대체해야 한다. 벌통 바닥에도 환기 철망이 달린 것들이 많은데, 철망이 닫혀 있으면 안 된다.

이동 시간이 짧을 때는 벌통문을 활짝 열어 공기를 공급하는 것만으로도 충분하다. 다만 이때는 벌통문을 거즈로 덮어야 한다. 빈 상자를 올려서 공기가

자전거 트레일러로 운반하면 건강에도 좋고 유용하다.

있는 공간을 넓혀줄 수도 있다.

물 공급 안전 조치: 꿀벌과 꿀벌 애벌레에게는 공기와 함께 물도 당연히 필요하다. 따라서 날이 더울 때는 분무기를 이용해서 규칙적으로 제때에 환기 철망에 물을 적당히 뿌려준다.

꿀벌들은 특히 공기와 물이 부족할 때 흥분하여 끊임없이 윙윙거린다. 꿀벌들이 과도하게 날갯짓을 하면 꿀벌들의 몸과 밀랍은 뜨거워지고, 40도가 넘으면 꿀이 가득 찬 벌집이 무너져서 꿀벌들은 죽게 된다.

운반 도구 준비: 양봉 상자, 그중에서도 꿀 벌집이 있는 상자는 상당히 무겁다. 따라서 여러분의 몸을 보호하고 힘을 아끼려면 꿀벌 무리가 많은 경우에 운반 도구를 사용할 것을 권한다. 양봉용품점과 공구점에서 다양한 도구를 구입할

수 있다.

운반 차량 준비: 꿀벌 무리의 규모에 따라서 승용차나 소형버스, 또는 트레일러를 사용할 수 있다. 벌통의 무게를 가늠하기 어려운 경우에는 운반할 짐의 무게와 차량의 최대 적재량을 미리 측정해야 한다. 차량의 바닥에 방수포나 신문지를 깔면 밀랍 입자들과 흘러넘친 꿀, 꿀벌들의 더위를 식혀주는 물로부터 차량을 보호할 수 있다.

양봉가 보험

이동 양봉 시기에도 불법 행위와 화재 등에 대비해 추가로 보험을 들 수 있다. 더 자세한 내용은 양봉가 보험에 관한 안내를 받으면 알 수 있다. 이동 양봉장의 위치를 노출시키지 않는 것도 도난을 방지할 수 있는 한 가지 방법이다.

적절한 이동 시기

이동 양봉가들은 아침 일찍 일어나 준비하거나 전날 저녁에 이미 모든 준비를 마친다. 꿀벌 운반은 가능하면 날이 선선한 오전 중에 이루어져야 한다.

목적지에서의 벌통 배치

여기서도 처음에 구입한 꿀벌을 배치할 때와 동일한 기준을 적용하여 벌통을 배치한다. 몇 주 동안은 벌통을 나무 거치대 위에만 올려놓아도 아무런 문제가 없다. 다만 가급적 비에 젖지 않도록 방수 뚜껑을 준비해야 한다. 플라스틱 벌통의 경우에는 필요 없다.

벌통 거치대에는 혹독한 날씨에도 망가지지 않는 표지판을 반드시 부착하고 주소와 전화번호를 기입한다. 이동 장소의 토지 소유자나 임차인에게 꿀 한 병을 선물하는 것도 좋은 방법이다. 그러면 여러분의 꿀벌에 관심을 가지고 비상시에 전화를 걸어 알려줄 수도 있을 것이다.

독일의 법률

- 꿀벌을 이동시킬 때는 관할 동물 보호 및 관리 관청의 건강 증명서가 필요하다(꿀벌 전염병 규정 제5a조)
- 짝짓기 장소와 그 주변의 보호 구역으로는 이동하지 못한다(각 주법에 따른다).
- 부저병 통제 구역으로는 이동하지 못한다. 통제 구역 내에서는 꿀벌 무리를 이동하기 전에 관할 동물 보호 및 관리 관청의 허가를 받아야 한다(꿀벌 전염병 규정 제11조).
- 이동 양봉장에는 양봉가의 이름과 주소, 꿀벌 무리의 수를 적은 표지판을 달아야 한다. 이는 여러분 자신을 위해서도 반드시 필요하다. 그래야 불법 행위나 피해가 발생했을 때 즉시 연락을 받을 수 있다.

꿀벌의 건강

예방과 조치

질병 인지와 퇴치

꿀벌 개체수가 1만~5만 마리인 무리에서 몇 백 마리를 잃는 건 정상적인 일이다. 그러나 병원체나 중독에 의해 최소한의 애벌레를 양육할 수 없고 다음 꿀벌 세대의 성장이 보장되지 않을 때는 문제가 심각하다. 노동력을 잃게 되기 때문이다.

프로폴리스와 다양한 꽃가루 알갱이에 있는 균과 꿀의 내용물은 병원체를 억제하고 꿀벌의 건강을 증진시키는 역할을 한다.

꿀벌은 지난 8천만 년 동안 수많은 병원체와 해충에 대하여 효과적으로 대항해 왔다. 그러나 아시아에서 새로 유입된 바로아 응애에 대해서는 충분히 저항할 수가 없어서 양봉가가 도와줘야 한다.

다인성 질병

꿀벌들이 걸리는 많은 질병은 여러 원인에 의해 발생하는 다인성 질병이다. 특

꿀벌들은 많은 해충과 병원체에 맞설 수 있는 전략을 발전시켜 왔다. 그러나 모든 질병을 다 막지는 못한다.

히 다 자란 꿀벌들이 걸리는 설사병(노세마병과 아메바병)과 애벌레에 생기는 백묵병이 그렇다. 이 병들을 일으키는 병원체는 모든 꿀벌 무리에 존재한다. 이런 상태에서 나쁜 날씨와 꿀 부족 현상(먹이 부족과 단백질 부족), 외부에서 발생하는 장해, 유전적으로 취약한 저항력, 양봉가의 부적절한 조치(산란/부화 둥지를 심하게 갈라놓았거나 적절량을 초과한 약제 투입 등), 꿀벌 무리 내부의 상황(여왕벌이 늙었거나 없는 상황)으로 인해 발병이 촉진된다.

정확한 진단

모든 양봉가가 꿀벌 질병의 전문가가 된다는 건 완전히 비현실적인 일이다. 따라서 문제가 발생했거나 뭔가 이상한 점이 보일 때는 반드시 전문가를 찾아야 한다. 그리고 전화로 진단을 내리게 하는 것이 아니라 꿀벌 무리를 직접 보게 해야 한다. 대부분의 양봉 협회에는 꿀벌들의 건강을 관리하는 대표자인 꿀벌 전염병 전문가가 있다. 없다면 꿀벌 연구소나 관할 관청의 수의사에게 문의하면 된다. 많은 사람들이 경험이 많은 양봉가에게 조언을 구하는데, 자주 발생하는 질병일 때는 아무런 문제가 없다. 그러나 드물게 나타나는 낭충봉아부패병, 미국 부저병, 유럽 부저병과 같은 질병은 경험이 많은 양봉가라도 잘못 판단할 수 있다. 그러므로 꿀벌 전문가들은 끊임없이 연구하고 공부해야만 한다.

질병 퇴치 방법

꿀벌 무리의 질병을 퇴치할 때 병에 걸린 꿀벌들을 개별적으로 치료하지 못한다는 점은 예상할 수 있을 것이다. 가능한 조치는 다음과 같다.

자연 치유: 설사와 백묵병 등 다인성 질병은 상황이 바뀌면 꿀벌 무리가 건강을 회복할 수 있다. 가령 밀원이 풍부해지고 최적의 비행 조건이 갖춰지는 경우다.

발병 가능성 점검

징후 확인	진단
벌통문 앞이나 벌통 안에 죽거나 기형적인 꿀벌들이 많다.	중독, 극단적인 바로아 응애 피해, 도둑벌, 기문 응애로 인한 질병, 노세마 피해
벌통 외벽과 벌집에 배설물 흔적이 있다.	노세마병과 아메바병, 장애, 소화불량이거나 부적합한 먹이 급여로 인한 설사병
벌통 바닥과 애벌레 방들에 흰색과 검은색을 띤 꿀벌 미라가 놓여 있다.	백묵병(진균 질병)
밀봉되지 않은 방의 애벌레 색이 변했고 벌집 방에 뒤틀린 상태로 놓여 있다.	저체온, 유럽 부저병(세균성 질병)
애벌레방 덮개가 구멍이 뚫렸고 부서지고 색이 변했거나 일벌들에 의해 구멍이 났다. 봉아권에 빈틈이 많다.	낭충봉아부패병, 심한 바로아 응애 피해와 바이러스 피해, 미국 부저병(세균성 질환)과 백묵병(진균 질병)
꿀벌의 개체수가 평균 이하로 적고 꿀벌 무리에 활력이 전혀 없다.	활동력이 떨어지는 모든 질병
벌통 바닥을 검사한다.	바로아 응애
봉아권 벌집 표본을 검사한다.	미국 부저병으로 인한 잠재적 위험 확인

벌집 교체: 오래된 벌집은 병원체를 포함하고 있을 가능성이 높아서 녹이는 것이 좋다. 설사, 백묵병, 미국 부저병을 일으키는 병원체가 조금 있을 때에는 벌집기초들을 제거한다.

사양이나 풍부한 밀원 제공: 사양액을 조금 제공하거나 밀원이 풍부해지면 꿀벌들의 활동, 특히 청소 욕구가 늘어난다. 동시에 늙거나 병든 꿀벌들은 수집 비행을 하다가 죽는다. 그러나 부화 활동이 활발해지면서 어린 꿀벌들이 늘어난다. 꿀벌 무리는 다시 설사와 백묵병을 이기고 건강을 회복한다. 꿀벌들에게 절대 다른 곳에서 온 꿀이나 꽃가루를 먹이로 주면 안 된다. 거기에는 대부분 미국 부저병의 병원체가 포함되어 있다.

원인 규명. 벌통 바닥에 꿀벌들의 사체가 많고, 나머지 무리는 아직 살아 있다.

굶주린 시기를 이용한 인공 분봉 처치: 미국 부저병을 치료하려면 굶주린 시기가 지난 뒤 꿀벌 무리에 새 벌집기초를 넣어주어 건강한 봉아권을 만든다. 다만 이 방법은 전문적인 양봉가에게만 적합하다.

폐사 처리: 최악의 경우 벌통에 남은 꿀벌의 수가 비참할 정도로 적을 수 있다. 이럴 때는 전문가가 와서 유황을 이용하여 살균 처리를 도와줄 것이다. 미국 부저병이 발생했다면 관할 동물 보호 및 관리 관청에서 처치 방식을 결정한다.

건강한 상태의 몸을 둥글게 만 애벌레들, 쭉 뻗은 애벌레, 고치

애벌레에 생기는 질병

백묵병(진균 질병)
- 몸을 뻗은 애벌레가 진균에 완전히 잠식되었다.
- 표면이 흰색에서 회색, 초록빛이 감도는 색으로 변했다(진균 포자).
- 백묵처럼 굳은 미라가 벌집 방에 있다.

바로아 응애 감염증(응애 질병)
- 어린 응애는 밝은 색을, 나이든 응애는 짙은 색을 띤다.
- 뚜껑이 닫힌 벌집 방에서 응애가 번식한다.
- 각 애벌레마다 여러 마리의 응애가 있거나 바이러스가 출현했을 때 꿀벌들은 부분적으로 뚜껑이 닫힌 벌집 방을 열고 안에 있는 애벌레를 먹어치운다.
- 심한 피해를 입은 꿀벌들은 날개가 기형이거나 아주 작다(바로아 응애로 인한 바이러스 질병도 암시).

낭충봉아부패병(바이러스 질병)
- 몸을 뻗은 애벌레가 주머니 모양으로 부풀면서 액이 가득 차고 머리는 구

부러져 있다.
- 애벌레의 몸이 처음에는 옅은 갈색으로 변했다가 나중에는 까매진다.
- 짙은 갈색에서 까만색 미라가 되고 양쪽 몸의 끝부분이 구부러져 있다. 미라 상태의 애벌레가 벌집 방에 놓여 있다.

유럽 부저병(세균성 질병, '양성 부저병'으로 불림)
- 벌집 방의 뚜껑이 열린 시기에 둥근 애벌레에게 발생한다. 처음에는 얼룩처럼 색이 변하다가 나중에는 짙어진다.
- 몸이 둥글게 말린 애벌레들이 약간 뒤틀린 상태로 벌집 방에 있다.
- 신 냄새가 난다.

미국 부저병(세균성 질병)
- 벌집 방 뚜껑의 색이 변하거나 움푹 가라앉아 있다.
- 실처럼 가늘게 늘어나는 점액질 덩어리가 생긴다. 죽은 애벌레의 색깔이 흰색에서 옅은 갈색으로 변했다가 나중에는 짙은 갈색으로 변한다.
- 애벌레 대부분이 완전히 썩거나 혀만 보인다.
- 발병 의심이 들면 즉시 관할 관청에 신고해야 한다.
- 표면이 거친 딱지가 벌집 방 안쪽에 단단히 붙는다.

봉아 저체온증
- 알에서 번데기에 이르는 모든 단계에 해당한다.
- 둥글게 만 애벌레와 쭉 뻗은 애벌레들의 몸 여기저기가 회색으로 변하거나 까맣게 변한다.
- 세균에 의해 부패하면서 냄새가 난다.
- 세력이 너무 약한 무리와 너무 강하게 번성한 무리에서 한파로 인해 발생한다.

백묵증에 걸린 애벌레 미라. 일벌들이 벌집 방에서 제거한다.

벌집에서 꺼낸 수벌 고치들. 타원형의 검은색 바로아 응애들이 보인다.

벌집 방에서 꺼낸 바로아 응애. 어린 응애(흰색)와 모체(짙은 갈색)

낭충봉아부패병. 벌집 방에 주머니 모양으로 부푼 색이 변한 애벌레가 들어 있다.

유럽 부저병. 뚜껑이 열린 벌집 방의 색깔이 변하고 애벌레가 뒤틀린 상태로 놓여 있다.

미국 부저병. 성냥개비로 시험해보면 애벌레의 몸이 썩어서 실처럼 가늘게 늘어나는 점액질 덩어리가 된다.

봉아 저체온증. 알에서 번데기에 이르는 모든 발전 단계에 해당하며 색이 변한다.

일벌들이 애벌레방의 뚜껑을 개봉한다. 바로아 응애 피해일까, 바이러스 피해일까?

여러 가지 바이러스

- 몸을 쭉 뻗은 애벌레가 뒤틀린 상태로 벌집 방안에 놓여 있다.
- 벌집 방 뚜껑이 구멍이 났거나 일벌들에 의해 제거된다.
- 애벌레의 색깔이 누르스름하거나 갈색으로 변한다.
- 꿀벌 무리에 심한 바로아 응애 피해가 발생한다.

어른벌에 생기는 질병

설사병(단세포 기생충)

- 벌집과 벌통 안에 보이는 배설물 흔적은 노세마병, 아메바병이 있거나 소화가 안 되는 먹이를 섭취했거나 장애가 있음을 암시한다.
- 전형적인 과도기와 초봄의 질병이며, 지난해에 꽃가루가 부족했을 때 자주 발생한다.

바로아 응애

- 꿀벌들의 몸 위로 응애가 보인다면 이미 응애 개체가 많이 퍼진 상황이다.
- 응애 피해가 심하고 추가로 바이러스가 발생했을 때는 날개에 이상이 있거나 뒷몸이 구부러지는 등 기형적인 꿀벌들이 나타난다.

도둑벌과 흑색증

- 꿀벌들의 털이 없어지고 완전히 까맣게 보인다.
- 꿀을 훔치려고 낯선 도둑벌들이 날아든다.
  흑색증은 숲에서 꿀을 수집하는 경우 꽃가루가 부족해서 발생할 수 있다.

기문 응애 질병

- 초봄에 벌통문 앞에 폴짝폴짝 뛰기만 할 뿐 날지 못하는 꿀벌들이 발생

벌통에서 뚜렷이 보이는 배설물 흔적은 설사병이 있음을 암시한다.

바로아 응애와 바이러스에 피해를 입은 꿀벌은 뒷몸이 짧고 날개가 잘렸다.

건강한 꿀벌(왼쪽)과 흑색증에 걸린 꿀벌(오른쪽).

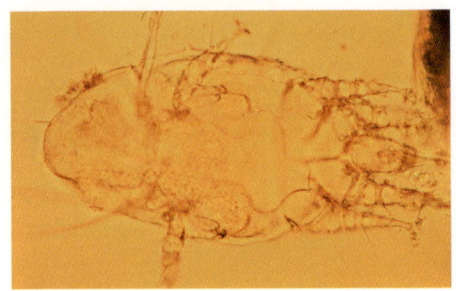
기문 응애. 현미경으로 관찰하면 숨구멍에서 응애가 보인다.

한다.
- 꿀벌 연구소에서 겨울철 발생한 꿀벌 사체를 현미경으로 검사한다.
- 이 질병은 매우 드물고 독일 남부의 특정 지역에서만 발생한다.

중독과 치료
- 꿀벌 수천 마리의 사체가 벌통문 앞과 벌통 안에 놓여 있다.
- 양봉 협회장, 경찰, 식물 보호 담당자가 표본을 채취하고 피해 보고를 감독한다.

벌집 해충

크고 작은 부채명나방

- 부채명나방 애벌레는 벌집을 파먹고 고치 껍데기와 꽃가루를 먹어치우며 벌집을 완전히 망가뜨린다.
- 벌집 틈새에 있는 고치들은 벌통과 벌집틀의 나무와 플라스틱을 손상시킨다.

작은벌집딱정벌레

- 이 벌레의 애벌레는 벌집을 망가뜨린다. 애벌레의 배설물 때문에 색이 변하고 발효되어 꿀 벌집에 저장된 꿀도 먹을 수 없다.
- 독일에는 아직까지 유입되지 않았다.

질병 예방 방법

1. 세력이 강한 꿀벌 무리는 약한 무리에 비해 저항력이 강하다. 따라서 약한 꿀벌 무리를 제때에 강화시켜주거나 해체해야 한다.
2. 꿀벌 무리와 여왕벌을 구입할 때 관청의 건강 증명서(이동 증명서)를 확인한다.
3. 벌집을 깨끗하게 유지해야 한다. 오래된 벌집을 녹일 수 있도록 꿀벌들에게 최대한 많은 벌집기초를 개조하게 한다. 각 꿀벌 무리당 일 년에 최소한 한 상자는 나와야 한다. 오래된 벌집은 부채병나방이 특히 많이 생긴다.
4. 배설물이 잔뜩 묻거나 곰팡이가 생긴 더러운 벌통은 뜨거운 물로 깨끗하게 청소해야 한다. 양잿물로 청소하면 더욱 좋다.
5. 빈 벌집을 보관할 때는 부채명나방이 생기지 않게 조심해야 한다. 오래된 벌집은 모아 두지 않는다.

6. 도둑벌이 들지 않게 조심한다. 꿀벌 무리가 약해지고 병원체가 퍼질 우려가 있다. 벌집 재료와 꿀과 먹이는 항상 꿀벌들이 접근하지 못하게 하고 물기가 없는 상태로 보관한다.
7. 절대 다른 곳에서 나온 꿀이나 꽃가루로 사양하지 않는다. 미국 부저병을 일으키는 병원체를 가지고 있을 가능성이 높기 때문이다. 또한 당액에 꿀벌의 장에 부담을 주는 첨가물을 섞지 않는다.
8. 검증된 방법으로만 바로아 응애를 퇴치한다.
9. 자발적으로 일 년에 한 번 봉아권 벌집 표본을 채취해 검사를 받는다. 그러면 미국 부저병이 발병할 위험이 있는지 확인할 수 있다.
10. 먹이가 부족해서 꿀벌들이 굶주리는 일이 절대 없도록 한다. 꿀과 먹이가 부족할 때는 먹이 벌집을 걸어주거나 사양을 실시한다. 필요하면 밀원이 풍부한 곳으로 이동한다. 특히 어린 꿀벌 무리에게는 충분한 꽃가루가 필요하다. 수명이 긴 겨울벌들을 위해서는 늦여름에 꽃가루를 충분하게 공급해야 한다.

> **꿀벌 질병에 관한 다양한 정보는 어디서 얻나?***
>
> 꿀벌 질병에 관한 주제만으로도 여러 권의 책을 쓸 수 있다는 건 분명하다. 이 문제를 다룬 다큐멘터리 영화들도 있다. 그러한 것들은 이 주제에 대한 교육과 강연을 보완해주는 의미 있는 내용들이다. 관련 교육 과정에 대한 최신 기고문과 정보는 양봉 잡지와 연구소, 조합들에서 찾아볼 수 있다. 꿀벌을 키우는 사람은 항상 최신 정보에 밝아야 하고, 질병을 퇴치하는 검증된 방법도 맹목적으로 신뢰해서는 안 된다. 이 책에서 제공하는 정보도 출간 이후에 등장할 수 있는 새로운 발견과 법률 개정 등으로 인해 이미 낡은 정보가 될 수도 있다.

---

* 우리나라에서는 질병관리본부 양봉 담당 부서에서 꿀벌의 질병을 관리한다.

청소와 소독

따뜻한 물과 솔로 효과적으로 씻어낼 수 있는 양봉 장비들은 얼마 되지 않는다. 밀랍과 프로폴리스는 그러한 것들로는 제거되지 않기 때문이다. 녹아서 흘러내리는 벌집, 꿀벌들의 배설물이나 곰팡이로 더러워지고 끈적거리는 벌통과 벌집틀은 따뜻하거나 뜨거운 양잿물로 세척하는 방법이 가장 좋다. 양잿물은 그 두 물질을 용해하거나 비누화한다. 동시에 모든 병원체도 죽인다. 양봉 협회에서는 부저병 퇴치의 일환으로 해당 장비를 구입해 회원들에게 빌려주거나 가을, 겨울이나 초봄에 있는 청소의 날에 제공한다. 양잿물로 작업할 때는 보호 안경, 장갑, 장화, 앞치마 등 안전 작업복을 착용하고, 후에 사용한 장비들은 호스와 솔이나 고압세척기를 이용해서 잘 씻어내야 한다. 나머지 양잿물은 하수도에서 처리될 수 있으니 미리 하수 처리 업체에 문의한다. 수산화나트륨은 양봉용품점에서 가루 형태로 구입할 수 있다. 용액이 튈 수도 있으니 안전을 기하려면 우선은 가루를 찬물에 붓는다. 3% 용액을 만들려면 물 100 ℓ에 수산화나트륨 3 kg을 녹인다.

매년 장비(벌통, 벌집틀)의 3분의 1을 수산화나트륨으로 세척하는 것이 좋다. 매우 효과적이면서도 빠른 시간에 처리할 수 있는 방법이다.

작업 과정

1. 우선은 끌을 이용해서 양봉 장비에 묻은 밀랍과 프로폴리스를 대충 긁어낸다.
2. 나무나 플라스틱으로 된 벌통과 벌집틀 전체를 뜨겁거나 끓는 양잿물에 담근다. 소재에 따라 높은 열에 변형될 수 있으니 조심스럽게 시험한다.
3. 애벌 청소를 하지 않은 벌집틀을 끓는 양잿물에 넣으면 비누화된 밀랍으로 인해 거품이 많이 생긴다. 이때 가정용 체로 거품을 걸러낸다.
4. 고압세척기나 물 호스와 솔을 이용해서 장비들에 묻은 양잿물을 씻어낸다.

벌집틀을 양잿물에 담가 청소한다.

남은 양잿물은 물로 씻어낸다.

청소한 벌통 부품들을 말린다.

불에 나무 벌통을 그슬려 소독한다.

양봉 장비 씻기

장비	씻는 방법
소독할 수 없는 장비들	
벌비, 깃털이나 거위날개	비누를 이용하여 씻어낸다.
밀짚 바구니	긁어낸다.
단열재로 된 벌통	벌통끌로 긁어낸다.
틈이 많고 구멍이 난 벌통이나 벌집틀	씻는 것보다 없애는 편이 낫다.
플라스틱 벌집(뜨거운 양잿물에서 변형됨)	차가운 양잿물로 닦고 뜨거운 물이 나오는 고압세척기로 씻어낸다.
소독할 수 있는 장비들	
나무 벌통, 금속 부분(벌통끌, 철망)	불에 소독한다. 혹은 차거나 따뜻하거나 끓는 양잿물에 담근다.
나무 벌통과 플라스틱 벌통, 벌집틀, 격리판이나 받침봉 같은 금속 부분들(알루미늄이나 에나멜이 아닌 부분)	끓는 양잿물(3% 용액)을 이용한다. 플라스틱은 형태가 변할 수 있으니 미리 시험한다.
플라스틱 판, 유리판, 플라스틱 부분들, 받침대, 사양통, 덮개가 있는 사양통 뚜껑, 금속 부분들(알루미늄이나 에나멜이 아닌 부분)	차가운 양잿물에 담거나(최소 10~12시간) 식기세척기(수산화나트륨이 함유된 세정제)를 이용한다.

다른 방법

왼쪽 사진에서는 벌통 전체를 청소하는 데 스테인리스강으로 된 커다란 우유통이 사용되었다. 물론 더 작은 통을 사용할 수도 있지만, 그러면 나중에 벌통 안쪽을 차례로 솔질해야 한다. 필요한 경우에는 욕조를 준비한다. 나무와 금속 부분은 불에 그슬려 소독할 수도 있다.

이 작업을 할 때에도 등허리에 부담이 가지 않는 방법을 고려해야 한다.

바로아 응애

바로아 응애는 아시아에서 전 세계로 퍼져나갔다. 현재까지 이 기생충에 저항력이 있는 꿀벌은 없다. 약제를 투입하지 않고 양봉가가 적절하게 조치를 취하지 않으면 그 어떤 꿀벌 무리도 살아남지 못한다. 따라서 항상 이 응애를 주시해야 하고 일 년 내내 퇴치 전략을 갖고 있어야 한다. 이 책에서 기술된 퇴치 전략은 초보 양봉가에게 적합하다. 각 나라나 지역에 따라서 양봉 협회들과 연구소에서는 또 다른 방법을 제시하기도 한다. 항상 최신 정보를 얻도록 노력해야 한다.

바로아 응애의 생태

바로아 응애의 몸은 넓이 1.4 mm, 길이 1.2 mm의 타원형이고 납작하며 짙은

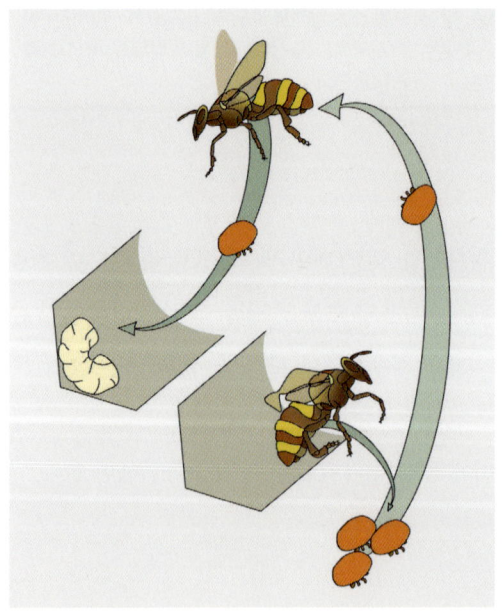

바로아 응애는 꿀벌의 애벌레방으로 들어갔다가 다 자란 꿀벌과 함께 방을 빠져나온다.

갈색이다. 다리는 여덟 개다. 바로아 응애 암컷은 꿀벌의 등이나 뒷몸에 앉는 걸 좋아한다. 이 응애는 입으로 꿀벌의 관절 피부에 상처를 내 피를 빨아먹는다. 번식을 할 때는 꿀벌의 등에서 내려와 뚜껑을 덮기 직전의 애벌레방으로 기어들어 간다. 수벌 애벌레방을 더 선호하지만 일벌들의 방으로도 들어간다.

바로아 응애는 뚜껑이 덮인 애벌레방에서 알을 낳는다. 어미 응애와 새끼 응애들은 꿀벌의 피를 빨아먹기 때문에 꿀벌 애벌레들에게 해를 입힌다. 어린 암컷 응애와 수컷 응애는 애벌레 방에서 바로 짝짓기를 한다. 어린 응애들의 성장은 시간과의 경쟁이다. 번데기로 변한 꿀벌이 방을 뚫고 나오면 암컷 응애도 방을 나오고, 수컷 응애는 그 안에서 죽는다. 보통 부화기 동안 꿀벌 무리에 있는 응애 개체수는 매 3주마다 두 배로 증가한다. 늙은 응애든 어린 응애든 다 자란 꿀벌의 등에 며칠 머물다가는 번식을 위해서 다시 애벌레방으로 들어간다.

한 애벌레방에 여러 마리의 어미 응애가 있으면 꿀벌들이 특히 심한 피해를 받는다. 바로아 응애는 어른 꿀벌들과 애벌레에 옮기는 바이러스를 통해서도 꿀벌들의 수명을 단축시킨다.

바로아 응애 방제 계획

바로아 응애 방제는 일 년에 한 번 실시하는 것만으로는 충분하지 않다. 양봉 기간 전체에 걸쳐 응애를 방지하는 조치가 필요하다. 이때 마지막 꿀 수확을 앞둔 상태에서는 꿀에 약제가 잔류할 위험이 있으므로 절대로 약제를 사용하면 안 된다는 점에 유의해야 한다.

1. 양봉 기간 동안 벌통 바닥으로 떨어지는 응애 사체를 검사하면 꿀벌 무리에 있는 응애 개체수와 방제 효과를 효과적으로 확인할 수 있다.
2. 4월부터 7월까지 수벌의 애벌레 벌집을 잘라낸다.
3. 방제 처리가 이루어질 수 있도록 애벌레 벌집과 번데기 벌집으로 핵군을

만든다(같은 해에 꿀을 수확하지 않는다).
4. 늦여름철에 마지막으로 꿀을 수확한 뒤 적어도 한 번, 그리고 먹이를 공급하는 동안과 그 이후에 한 번 더 방제를 실시한다. 방제 횟수와 기간은 그때그때 바로아 응애 상황과 약제의 작용 방식에 맞춰야 한다.
5. 꿀벌들의 겨울철 방제는 애벌레와 번데기가 없는 시기에 옥살산으로 한다.

이러한 계획들은 한 가지 조치의 효과가 미흡했다면 다음번에 다시 조치를 취하여 응애를 억제할 수 있는 장점이 있다. 이렇게 응애 개체수를 최대한 피해 한계 이하로 유지한다. 응애를 완전히 제거하는 건 겨울에나 할 수 있다. 꿀벌들이 수집하러 다니는 동안에는 꿀벌 무리 사이에 도둑벌이 생기고 벌통을 잘못 찾아 들어가는 일이 발생해서 응애들이 끊임없이 옮겨지기 때문이다.

각 지역과 나라마다 다른 방법과 법이 적용된다. 따라서 여러분이 양봉을 하는 지역의 방제 계획을 확인해야 한다. 꿀벌 연구소들과 양봉 조합들, 인터넷에서 다양한 정보를 얻을 수 있다.

바닥 검사를 통한 진단

응애 수 검사는 일 년 내내 수시로 시행하면 좋다. 그래야 만일의 경우에도 신속하게 방제가 필요한지 확인할 수 있다.

응애가 죽으면 벌집 간격을 통해 벌통 바닥으로 떨어진다. 벌통 바닥에는 바로아 철망(거즈)과 밀어 넣는 구조로 된 나무판(바로아 패드)이 갖춰져 있어야 한다. 바로아 철망은 꿀벌들이 아래로 떨어진 응애 사체를 치워버리지 못하게 한다.

약제 사용 후 벌통 밑바닥에 떨어진 밀랍 조각들과 수많은 바로아 응애

진단 시기

규칙적인 검사는 바람직한 양봉 작업의 일부다. 반드시 검사해야 하는 시기는 각각 약 3월경 호랑버들이 필 때, 7월 중순에서 말쯤 여름 밀원 식물이 사라질 때, 11월과 12월에 겨울 방제의 필요성을 확인할 때이다. 피해 상황에 맞게 적절한 조치가 취해지도록 모든 방제 처리에 앞서 벌통 바닥 검사를 통한 진단이 이루어져야 한다. 또한 방제 처리를 하는 동안과 처리가 끝난 뒤에도 바닥을 검사해 방제 효과가 있었는지 확인해야 한다.

실행과 평가

바로아 패드(바로아 서랍)를 최소한 3일 동안 벌통 바닥에 넣어 둔다. 날이 따뜻한 계절에는 더 오래 두면 개미나 다른 동물들이 바닥에 떨어진 응애들을 먹어치워서 부정확한 자료를 얻을 수 있다. 부채명나방 애벌레들도 응애를 먹고 패드 위에서 자란다.

방제 처리를 하지 않은 상태에서 자연적으로 죽어 바닥에 떨어지는 응애 수를 검사했을 때 활동이 왕성한 꿀벌 무리에 미치는 피해 한계는 다음과 같다. 갓 형성된 어린 꿀벌 무리와 세력이 약한 무리에는 최대 절반의 수치가 적용된다.

- 하루에 다섯 마리 미만: 심각한 위험은 없다.
- 하루에 다섯 마리에서 열 마리: 응애가 많이 퍼졌고 가능한 한 빨리 방제 조치를 취한다.
- 하루에 열 마리 이상: 즉시 방제한다.

자연적으로 죽어서 떨어지는 응애 수는 상황을 대략적으로 알려주는 역할을 할 뿐이고 꿀벌 무리의 상태에 따라서 편차가 클 수 있다. 이와 관련해서는 애벌레들의 규모와 꿀벌 무리의 세력이 매우 결정적이다.

예를 들어 어른 꿀벌과 애벌레 수가 적은 약한 무리에서는 응애가 하루에 다섯 마리만 보여도 부담이 훨씬 더 클 수 있다. 따라서 개체수가 많고 애벌레 벌집도 많은 강한 꿀벌 무리에서보다 더 심각하게 평가되어야 한다. 자연사한 응애 수는 양봉장에서 바로아 피해가 심한 꿀벌 무리를 미리 확인하고, 필요한 경우 나머지 꿀벌 무리보다 먼저 방제할 수 있게 하는 지표가 된다. 모든 꿀벌 무리가 용인할 만한 수치를 보인다면 동시에 방제 조치를 취한다.

방제 처리 이후에는 며칠에서 몇 주 동안 수백에서 수천 마리의 응애가 죽어서 바닥으로 떨어진다. 너무 놀라지 않아도 된다. 중요한 건 꿀벌 무리에 남은 응애 수가 현저하게 줄어든다는 사실이다. 양봉을 하다보면 어떤 해에는 바로아 응애가 많이 생기고 또 어떤 해에는 적게 생긴다는 것을 알게 될 것이다. 그 이유는 복합적이다. 바로아 방제 효과는 날씨에 영향을 받으며, 꿀벌의 부화

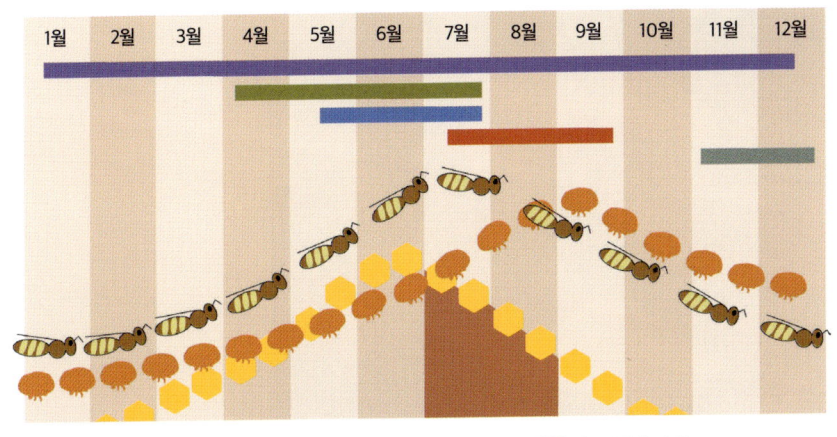

■ 부수 물질들에 섞여 있는 바로아 응애 사체
■ 수벌 애벌레 벌집 잘라내기
■ 애벌레(번데기) 핵군 만들기
■ 마지막 수확 이후 개미산 처리
■ 애벌레가 없는 꿀벌 무리에 바로아 응애 방제 처리

■ 겨울 꿀벌 탄생
🐝 꿀벌 개체수
● 응애 개체수
⬢ 알과 애벌레, 번데기 방

꿀벌과 바로아 응애의 발달, 진단과 치료(오토 뵈킹에 따른 변경)

기가 계속되는 동안에 응애들도 번식할 수 있다.

> **긴급 방제**
>
> 자연사한 응애 수가 많거나 다음과 같은 경고 신호가 있을 때는 곧바로 긴급 방제를 실시한다. 꿀 벌집은 미리 치워둔다.
> - 꿀벌의 등과 벌집에 응애가 있다.
> - 날개가 기형적인 꿀벌들이 나타난다.
> - 뒷몸이 짧아진 꿀벌들이 보인다.

벌통 바닥 검사. 방제 처리 이후 효과를 확인하기 위해 바로아 응애 수를 헤아린다.

바로아 응애 방제 조치

7월까지의 검사

하루에 다섯 마리 이하	꿀벌 무리에 직접적인 피해가 생길 위험은 없다. 그러나 꿀 수집 시기가 끝나면 방제 조치를 취해야 한다.
하루에 다섯 마리에서 열 마리 사이	상황이 심각해질 수 있으니 꿀벌 무리를 주의 깊게 관찰해야 한다.
하루에 열 마리 이상	즉시 방제 조치를 취해야 한다. 경우에 따라서 이후의 꿀 수집은 포기해야 한다.
하루에 서른 마리 이상	피해 한계를 넘어섰고 더 이상 꿀벌 무리를 구제하지 못한다.

가을 검사

하루에 한 마리 이상	겨울에 애벌레들이 없는 상태에서 겨울 방제 조치가 이루어져야 한다.

수벌용 벌집 잘라내기

응애는 번식할 때 수벌 애벌레들을 좋아한다. 그래서 수벌의 뚜껑이 닫힌 벌집과 함께 응애들을 제거할 수 있으며, 이때는 약제를 사용하지 않아도 된다. 그 때문에 3월부터 6월 말, 7월 초까지는 꿀벌 무리의 모든 육아실에 수벌용 벌집틀, 즉 빈 벌집틀을 하나씩 배치한다. 나중에 쉽게 찾아내기 위해서 상단 막대에 압핀을 꽂아 표시하는 것이 좋다. 일부 양봉가들은 이 벌집틀에 가로로 나무 테를 설치해 둘로 나눈다. 수벌의 애벌레 벌집을 반만 잘라내 없애기 위해서이다. 그래야 나중에 여왕벌들과 짝짓기할 수벌들이 충분히 살아남을 수 있다.

수벌용 벌집틀은 항상 산란 혹은 부화 구역의 끝부분을 장식한다. 다시 말해서 마지막이거나 첫 번째 애벌레 벌집이다. 수벌용 벌집틀이 빨리 완성되기를 원하면 더 가운데 쪽으로 배치하면 된다.

필요한 도구: 수벌용 벌집틀(= 빈 벌집틀)과 칼

작업 과정

1. 빈 벌집틀을 산란 둥지에 배치한다(예를 들면, 마지막 애벌레 벌집).
2. 수벌의 애벌레방들이 대부분 봉해지면 벌집에 붙은 꿀벌들을 쓸어내린 다음 벌집을 잘라낸다. 응애 수가 많지 않으면 벌집의 절반 정도만 잘라내도 충분하다.
3. 수벌 애벌레에 죽은 응애가 있는지 검사한다. 애벌레 위에 있는 짙은 응애는 쉽게 눈에 띈다.
4. 애벌레들을 제거한 뒤 밀랍을 처리한다. 밀랍은 쓰레기 처리장으로 보내 태우게 하거나 저녁에 자신의 집에서 녹인다. 바람직한 양봉 작업에서는 도둑벌과 미국 부저병을 막기 위해 수벌 애벌레를 새들의 접근이 용이한 곳에 두지 않는 등의 노력을 한다.

수벌용 벌집. 벌집을 반으로 나누면 반쪽만 잘라낼 수 있다.

애벌레 위에 있는 짙은 색을 띤 바로아 어미 응애이다.

처치 방법

바로아 응애 방제에 쓰이는 약제는 전 세계적으로 매우 다양하지만 독일에서는 그중 소수만이 허용된다. 다수의 복합 약제들은 밀랍과 벌집틀, 벌통 벽, 꿀벌들과 꿀에 잔류한다. 바로아 응애는 복합적인 작용물질들 중 몇몇에 이미 내성이 생겼고, 그런 약제들은 더 이상 아무런 효과가 없다. 따라서 복합적인 약제를 사용하는 데에 비판적으로 접근해야 한다. 약들은 결코 마법의 수단이 아니다. 수많은 양봉가들은 그러한 약제들 없이 유기산만으로도 바로아 응애를 성공적으로 통제할 수 있다. 그러므로 여기서는 대형 제약회사들에서 생산한 복합적인 바로아 응애 퇴치제에 대해서는 언급하지 않고 유기산들인 개미산, 젖산, 옥살산만 제한적으로 다룰 것이다. 그러한 약제들은 이미 양봉 관련 매체에서 충분히 언급되고 있으니 말이다. 유기산들은 올바르게 사용했을 때 밀랍과 꿀에 어떤 잔류물도 남기지 않는다는 장점이 있다. 동시에 꽃꿀과 꿀에도 천연으로 함유되어 있다. 나중에 나오는 도표는 꿀벌 무리에 적합한 상태와 계절은 언제이고, 언제, 어떤 유기산을 사용할 수 있는지 보여줄 것이다. 가령 젖산과 옥살산은 애벌레들이 없는 꿀벌 무리에 겨울철에만 사용해야 한다. 작용물질 티몰은 방향유(휘발성 기름)에 속한다. 비교적 길게 사용해야 효과가 있으며 밀랍에 잔류물이 조금 남을 수 있다. 그래서 일부 양봉가들은 여름에 티몰과 개미산을 조합해서 사용하거나 매년 둘 중 하나를 교대로 사용한다.

개미산 처리*

개미산을 주방용 비스코스 스펀지에 적셔서 벌통에 넣거나 증발기의 용기에 넣어 흡수 패드를 통해서 벌통 안으로 증발하게 한다. 그러면 응애가 피해를 입어 죽게 된다. 개미산은 뚜껑이 덮인 벌집 방에도 효과가 있는 유일한 작용물질이다. 개미산 피해를 입은 응애들은 꿀벌에 붙어 있다가 벌통 바닥에 깐 바로아 패드로 떨어진다. 그에 반해 뚜껑이 덮인 벌집 방에서 피해를 입고 죽은 응애들은 어른이 된 꿀벌이 방에서 나올 때 그 모습이 드러나고, 일벌들이 벌집 방을 청소하는 과정에서 제거된다.

수집 활동이 왕성한 꿀벌 무리에는 개미산을 포함한 모든 약제 처리 과정이 마지막 꿀을 수확한 이후에 이루어져야 한다. 그래야 꿀맛에 영향을 주는 잔류물이 남지 않는다. 꿀에는 어떤 식의 첨가물도 들어가서는 안 된다. 따라서 제약회사들의 바로아 퇴치제에 동봉된 안내문에 다른 식으로 권고하는 내용들은 무시해야 한다.

---

* 　개미산 처리는 가장 강력한 박멸 수단으로 알려져 있으나 잘못 처리하면 꿀벌 무리를 몰살시킬 수도 있다. 많이 공부하고 다른 전문가의 처리 방법을 참고하여야 한다.

비스코스 스펀지. 가장 간단한 개미산 처리 방식인 충격 처리 방법이다.

나센하이더 증발기는 항상 벌집 상자(반쪽)가 필요하다.

예방 조치

모든 산을 처리할 때 해당되는 내용이다.

- 개미산은 코를 찌르는 냄새가 나고 부식 작용을 한다.
- 개미산 처리를 준비할 때와 작업을 진행할 때는 고무장갑과 보호 안경을 착용한다.
- 미리 물을 준비해두고 용액이 튀었을 때 즉시 물로 씻어낸다.
- 어린이의 손이 닿지 않는 곳에 뚜껑을 닫아 보관한다.
- 개미산은 농도 60%까지만 사용하도록 허용되며, 85%는 부분적으로만 용인된다.

개미산을 사용했을 때 애벌레들이 피해를 입을 수도 있다. 특히 아직 뚜껑이 덮이지 않은 상태의 애벌레와 갓 방에서 나온 어린 꿀벌은 손상을 입고 죽을 수도 있다. 그러나 꿀벌 무리는 이런 손실을 별다른 문제없이 짧은 시간 내에 상쇄한다. 여왕벌을 잃는 경우는 드물지만, 특히 외부 온도가 약 27~30도일 때

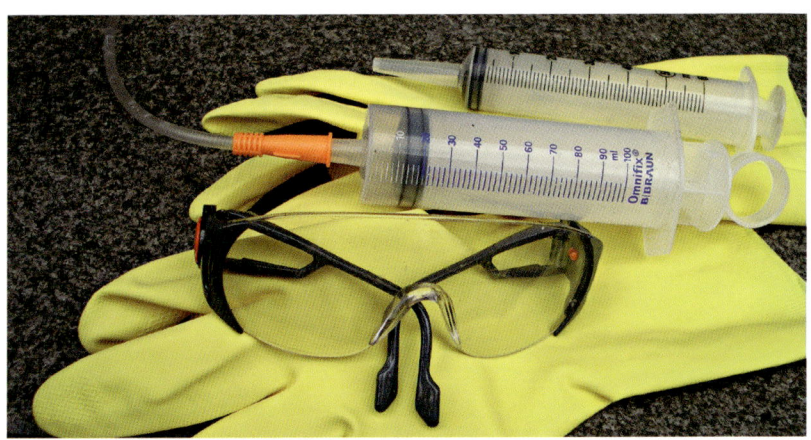

유기산을 사용할 때는 보호 장비를 착용한다.

사용하면 잃을 수도 있다.

단기 처리와 장기 처리

개미산을 비스코스 스펀지에 적셔 24시간 내의 짧은 시간 동안 증발시킨다. 이러한 방법을 충격 처리 또는 단기 처리라고 한다. 4일에서 7일 뒤에 같은 방식으로 한 번 더 처리하면 증발기를 이용해 장기적으로 처리하는 것과 비슷하게 효과적인 결과를 얻을 수 있다. 반면에 증발기는 그때그때 사용하는 증발기의 사용 지침에 따라서 상대적으로 옅은 농도의 개미산을 5일에서 2주까지 벌통 안에서 증발시킨다. 증발량을 감독하면서 필요에 따라 조절해야 한다. 개미산 띠(Mite Away Quick Strips, MAQS) 사용이 허용되면서 또 다른 장기 처리 방법이 생겼지만 이는 증발량을 조절하지 못하는 단점이 있다.

개미산 처리 방식은 지역에 따라 차이가 나지만 원칙적으로는 모든 방법으로 응애를 성공적으로 퇴치할 수 있다. 한 가지 방법으로 경험을 많이 쌓을수록 미처 예상하지 못한 점들도 더 잘 파악하고 극복할 수 있다. 따라서 미묘한 차이를 알아차리는 예리한 감각을 키워야 한다.

    뒤에 나오는 도표에서는 개미산 사용에 대한 몇 가지 방법을 요약해서 설명할 것이다. 그보다 훨씬 많은 방법들이 있으니 잘 알아보고 경험이 많은 양봉가들의 처리 방식을 어깨너머로 봐두는 것이 좋다. 새로운 방법을 사용할 것을 열성적으로 주장하는 양봉가의 말은 비판적으로 받아들여야 한다. 단기적인 실험보다는 다년간의 경험과 성공이 훨씬 믿을 만하기 때문이다.

일반적인 사용 지침

- 공기 중의 습도가 높으면 개미산과 결합해 개미산의 효과를 약화시키기 때문에 맑고 건조한 날에 단기 처리를 시행한다.
- 개미산이 빨리 휘발되지 않도록 열려 있는 철망 바닥을 닫는다.

개미산의 농도가 높음을 보여주는 현상이다. 개미산을 즉시 벌통에서 꺼내야 한다.

- 개미산 처리 2~3일 전에는 사양액 공급을 중단해 벌통 안의 습도가 높지 않게 한다.
- 사용 방식에 따라서 외부 온도는 약 16~30도 정도여야 한다. 그 아래일 때는 꿀벌들이 바짝 붙어 있기 때문에 처리 효과를 기대하기 어렵다. 기온이 더 높을 때는 꿀벌들이 집을 나가거나 날갯짓이 과해서 위험해질 수 있다.
- 몇 가지 개미산 사용 방법에서는 추가로 빈 벌집 상자가 필요하다. 다른 경우에는, 가령 비스코스 스펀지를 사용할 때에는 개미산이 희석되기 때문에 빈 상자를 올리면 안 된다.
- 애벌레가 없고 여왕벌이 없는 무리는 보통의 꿀벌 무리보다 빨리 집을 나간다. 필요한 경우에는 처리를 중단해야 한다.
- 한 양봉장의 모든 꿀벌 무리를 동시에 처리해야 한다. 주변에 있는 양봉가들이 공동 처리 기간을 정한다면 응애의 재침입이 최소한으로 줄어든다.

농도가 높을 때의 대처법
개미산을 사용할 때 농도가 너무 높으면 꿀벌들이 벌통문으로 떼 지어 몰려나온다. 이런 경우에는 즉시 처리를 중단하고 개미산을 벌통 밖으로 꺼내야 한다. 그리고 기온과 습도가 더 낮은 날, 즉 조건이 더 좋은 날을 다시 잡아서 개미산 처리를 반복해야 한다.

젖산 처리

젖산이 15%의 적절한 농도로 섞인 용액을 시중에서 구입해 벌집의 꿀벌들에게 뿌려주기만 하면 된다. 개미산을 사용할 때처럼 장갑, 보호 작업복, 보호 안경을 갖추고 마스크를 쓴다.

용량: 꿀벌들이 앉아 있는 각 벌집 면마다 최대 여덟 번 정도 뿌린다. 다만 꿀벌들이 흠뻑 젖지 않도록 주의한다. 젖산이 든 용기에 바로 분무 헤드를 끼워서

젖산 처리. 바람의 방향에 주의하면서 꿀벌들에게 뿌려준다.

처리 일자를 기록한다.

겨울철의 옥살산 처리. 봉구에 방울방울 흘려보낸다.

사용하고, 분무 횟수를 헤아려 양을 조절할 수 있다. 애벌레가 없는 어린 꿀벌 무리에는 며칠 간격으로 두 번 젖산 처리를 하는 것이 권장되고, 애벌레와 번데기 벌집으로 이루어진 핵군은 내검하고 확장할 때마다 처리한다. 꿀벌들은 개미산보다는 젖산을 더 잘 받아들인다.

애벌레가 없는 모든 무리의 겨울철 젖산 처리는 기온이 0도 이상일 때 며칠 간격으로 두 번 실시한다. 그러나 겨울에 이처럼 심하게 꿀벌들을 방해하려는 양봉가들은 별로 없다. 따라서 옥살산을 사용하는 편이 더 간단하다.

옥살산 처리

옥살산 흘림 처리: 처리 직전에 바로 사용할 수 있는 용액이 준비되어 있어야 한다. 옥살산 용액은 최대 1~2주만 보관할 수 있다. 함께 들어 있는 설탕을 옥살산 용액에 넣고 설탕이 녹을 때까지 흔들어준다.

겨울철 처리는 애벌레가 없는 꿀벌 무리에만 이루어져야 하는데, 대부분 꿀벌 연구소와 양봉 조합들에서 최근 상황에 대한 정보를 보내준다. 첫 서리가 내리고 3주 뒤에 애벌레가 없는 꿀벌 무리에 처리하는 것이 일반적이다. 날이 추울수록 옥살산의 효과는 더 좋아진다. 옥살산 처리는 매우 빨리 이루어지기 때문에 영하의 기온에서도 문제가 없다. 정량 계량 주사기를 이용해 겨울철 봉구를 형성한 꿀벌들에게 옥살산 용액이 바로 흘러들어 가게 한다. 옥살산은 꿀벌들에 직접 닿아야만 효과가 있다. 따라서 꿀벌들이 없는 영역에는 흘려보내지 않는다. 2층 꿀벌 무리와 두 상자 사이에 있는 꿀벌 거처로 옥살산 용액을 흘려보내려면 조수의 도움을 받아 위쪽 상자를 비스듬하게 들어 올리면 된다.

옥살산 용액을 아래쪽에 있는 봉구로 흘려보내면 상자에 매달려 있는 꿀벌들에게 방울방울 떨어진다. 꿀벌들에게 흘러 떨어지는 양이 많을수록 더욱 좋다.

안전 복장: 장갑과 보호 안경. 용액이 튀면 물로 씻어낸다.

참고: 증발이나 분무와 같은 다른 처리 방식은 사용자에게 위험할 수 있어서 독일에서는 허용되지 않는다.

> **바로아 응애 약제는 어디서 어떻게 구입하나?***
>
> 많은 양봉 조합은 동물 보호 및 관리 관청에서 단체로 주문한다. 약국이나 양봉용품점에서 개별적으로 주문하면 값이 더 비싸고, 약국에서만 판매하는 약제는 허가서 없이 구하지 못한다. 법적 허가 사항은 빠르게 바뀔 수 있기 때문에 양봉 협회에 문의하는 것이 가장 좋다. 자유롭게 판매되는 약제는 인터넷에서도 구할 수 있다.
>
> **기록하면 남는다!**
>
> 내검 일지와 양봉 일지에 바로아 응애 처리 사항을 기록한다. 그러면 바로아 응애 방제 의무를 충실히 이행했다는 사실도 증명할 수 있다. 기록 자료는 약이 아무런 효과가 없었을 때나 과도한 양을 사용한 경우 등 실수를 분석하는 데에도 도움이 된다.

꿀벌 등 위로 응애가 보인다. 어서 방제를 실시해야 한다.

기형 수벌. 검증된 수단으로 처리해야 한다.

---

* 양봉 질병관련 약품은 양봉원에서 대부분 구입할 수 있다.

바로아 응애 방제는 산란 휴지기가 좋을까? 분봉 시기가 좋을까?

꿀벌 무리에 과하게 개입하면 응애의 번식을 차단할 수는 있겠지만 꿀벌 무리의 발전에는 적지 않은 영향을 줄 것이다. 모든 초보 양봉가는 자신의 꿀벌 무리가 건강한 겨울벌들을 데리고 충분히 강한 상태로 가을과 겨울로 접어들 수 있기를 바랄 것이다. 이는 과하게 개입하지 않아도 충분히 가능한 일이며, 어느 정도의 경험과 지침 아래 소규모의 꿀벌 무리에서 조심스럽게 해야 한다.

의갈류*와 꿀벌 사우나 등을 활용한 방제법이 효과적일까?

여러 매체에서 매우 흥미롭지만, 대개는 특별히 연구되지 않은 갖가지 방제 방법들을 논의한다. 양봉 관련 매체와 다른 매체에서 적합하다고 알려진 방법이라도 꿀벌 연구가들이 적합하다고 평가된 것이어야 믿을 수 있다. 따라서 자체적으로 실험하기보다는 합리적으로 의심하여 정보들을 분류·평가해야 한다.

비법은 없다!

바로아 응애를 방제 처리할 때 절대 양봉가들 사이에서 논의되는 수많은 비법을 사용해서는 안 된다. 이른바 비법이라고 여겨지는 방법들은 부적절한 방법이나 잘못된 수단이 투입되기 때문에 실패로 돌아가는 경우가 허다하다. 결국 마지막에 남는 건 죽은 꿀벌들뿐이다(꿀벌과 양봉에 관한 소식지 Infobrief Bienen@imkerei, Nr. 16, 2014 참조).

---

* 거미강 의갈목에 속하는 절지동물을 통틀어 이른다. 생김새가 전갈과 비슷하므로 의갈류라고 한다. 사람에게는 해를 끼치지 않으며, 옷이나 카펫에 달라붙어 사는 벌레의 유충이나 진드기, 개미, 파리 따위를 잡아먹어 해충 퇴치에 도움을 준다. 집게벌레, 가시기생벌레 등이 있다.

바로아 약제
꿀벌 무리는 어떤 상태여야 하나?

	개미산 비스코스 스펀지나 증발기(리비히 사의 정량 용기, 나센하이더 증발기, 개미산 띠)	젖산 분무 처리 (동물성 약제)	옥살산 흘림 처리(동물성 약제 옥스바)	티몰(Thymol) 약제(티모바, 아피가드)
여름철 뚜껑 덮인 애벌레 벌집이 있는 강한 꿀벌 무리	뚜껑이 덮인 방에도 효과가 있다.	뚜껑 덮인 애벌레방에는 효과가 없다.	효과가 없으니 사용하지 않는다.	장기 처리로 사용할 때만 효과적이다.
여름철 산란하지 않았거나 뚜껑이 열린 애벌레 벌집만 있는 강한 꿀벌 무리	응애 번식을 어느 정도 막는다.	적어도 두 번 사용한다.	효과가 없다.	장기 처리로 사용할 때만 효과적이다.
겨울철 산란하지 않은 강한 꿀벌 무리	날이 너무 추워서 효과가 없다.	사용 가능하지만 시간이 많이 걸린다. 적어도 두 번 사용한다.	한 번만 사용한다.	너무 추워서 효과가 없다.
지하실에 있는 (인공) 분봉 무리	사용하지 않는다. 심한 날갯짓으로 꿀벌들이 위험해질 수 있다.	봉구를 형성한 꿀벌 무리에는 효과가 없다.	가능하다.	봉구를 형성한 꿀벌 무리에는 효과가 없다.
벌집이 배치된 아직 산란하지 않은 (인공) 분봉 무리	사용하지 않는다. 꿀벌들이 벌집을 떠날 수 있다.	적어도 두 번 사용한다.	효과가 없다.	벌집이 배치되고 애벌레들도 어느 정도 있어야 한다. 장기적으로 사용했을 때만 효과가 있다.
아직 산란하지 않았거나 뚜껑이 열린 애벌레 벌집만 있는 핵군	약제를 사용할 수는 있지만 꿀벌 무리의 발전을 저해한다.	별로 효과가 없어서 여러 번 사용해야 한다.	효과가 없다.	장기 처리로 사용할 때만 효과적이다.
뚜껑 덮인 애벌레 벌집이 있는 핵군	효과적이다.			
겨울철 애벌레들이 없는 핵군	효과가 없다.			

참고: 효과가 더딘 방법들을 더 빠른 다른 방법으로 대체할 수 있다. 그러나 반대 방향으로 진행해서는 안 된다.(바이에른 주 포도 경작 및 정원 경작 연구소)

바로아 처리 세부 사항

	개미산 증발기(리비히 사 정량 용기, 나센하이더 증발기)	비스코스 스펀지	개미산 띠
작용 물질	농도 60%의 개미산	농도 60%의 개미산	겔 형태의 개미산
사용 유형	장기 사용 증발기	충격 처리(단기 처리)	장기 처리
상황에 따른 사용 횟수 및 기간	최대 1~2주 여름철에 두 번 장기 처리	4~7일 간격으로 두 번 사용하는 방식으로 최소 네 번	7일 동안 띠 2개 경우에 따라서 나중에 반복한다.
응애가 심할 때나 긴급 처리에 적합한 방법인가	그렇다. 지속된다.	효과가 빠르다.	그렇다. 적어도 3일 정도 지속된다.
뚜껑 덮인 애벌레방에 있는 응애에 대한 효과	있다.	있다.	있다.
증발 공간(빈 상자)	필요하다.	있으면 안 된다.	필요 없다.
사용량	증발기 유형과 무리의 규모에 따라 150~200 ml을 사용한다.	무리의 규모에 따라(***) 22~44 ml을 사용한다.	모든 띠에 개미산 68 g이 있다.
증발량 조절	가능하다. 흡수 패드(종이나 마분지)의 면적을 조정한다.	충격 처리는 불가능하다.	불가능하다(**)
기온의 영향과 처리 성공	온도가 낮으면 효과가 적거나 전혀 없고 기온이 너무 높으면 애벌레 손상, 여왕벌 상실 등의 부작용이 커진다.		
바로아 철망 닫고 패드 넣기	반드시 필요하다. 그렇지 않으면 농도가 너무 약해서 개미산이 효과를 내지 못한다.		

바로아 처리 세부 사항

	젖산	옥살산	티몰 약제
작용 물질	15%의 젖산	3.5%의 옥살산	티몰 성분이 함유된 약제나 겔
사용 유형	분무 처리	흘림 처리	여러 주에 걸친 장기 처리
상황에 따른 사용 횟수 및 기간	여러 번, 최소 두 번 (애벌레 없는 무리)(*)	애벌레 없는 무리에 겨울철에 한 번, 경우에 따라서는 (인공) 분봉 무리에 여름철에 한 번	약제에 따라 두 번
응애가 심할 때나 긴급 처리에 적합한 방법인가	그렇지 않다.	(인공) 분봉 무리에는 적합하다.	그렇지 않다.
뚜껑 덮인 애벌레방에 있는 응애에 대한 효과	없다.	없다.	없다.
증발 공간(빈 상자)	필요 없다.	필요 없다.	약제 용기의 높이에 따라 뚜껑 아래에 약간의 공간이 필요하다.
사용량	각 벌집마다 분무 횟수를 조절할 수 있다.	겨울철 처리: 벌집 수에 따라서 30, 40, 또는 50 ml, (인공) 분봉 무리는 100 ml	약제에 따라 티몰의 양이 다르다.
증발량 조절	불가능하다.(**)	불가능하다.(**)	불가능하다.(**)
기온의 영향과 처리 성공			영향이 있다. 기온이 낮으면 효과가 적거나 전혀 없고 기온이 너무 높으면 애벌레 손상, 여왕벌 상실 등 부작용이 커진다.
바로아 철망 닫고 패드 넣기	효력을 위해서는 불필요하고 성공 여부 검사에만 필요하다.	효력을 위해서는 불필요하고 성공 여부 검사에만 필요하다.	반드시 필요하다. 그렇지 않으면 티몰 농도가 너무 낮아진다.

(*) (인공) 분봉 무리는 벌집을 배치하고 꿀벌들을 벌집에 분배한 이후에 한다.
(**) 투입된 약제의 양을 조절할 수 있다.
(***) 표준 규격 벌집/잔더 벌집당 2 ml, 쿤츠 호흐 벌집 3 ml, 표준 규격의 1.5배인 벌집은 벌집당 4~5 ml

미국 부저병

미국 부저병은 발생 즉시 신고해야 하는 가축 전염병이다. 병원체가 꿀벌 무리에 옮겨졌을 때만 발병하며 다행히도 병원체가 일반적으로 확산되지는 않는다.

부저병 병원체의 포자는 병에 걸린 꿀벌 무리의 도둑벌을 통해서 건강한 무리로 옮겨지거나 양봉가가 꿀벌 무리에 상당량의 병원체가 함유된 외국산 꿀을 먹임으로써 옮겨진다.

약간의 포자가 들어왔다고 해서 건강한 꿀벌 무리에 부저병이 발생하지는 않는다. 꿀벌들의 위생적인 습성이 꿀벌 무리에 들어온 포자의 번식을 막기 때문이다. 일벌들은 병든 애벌레들을 없애버린다. 하지만 오랫동안 포자가 유입되거나 한 번에 아주 많은 양의 포자가 들어왔다면 꿀벌들의 자연적인 저항력만으로는 버틸 수 없다. 병든 애벌레들의 몸은 실처럼 가늘게 늘어나는 점액질 덩어리로 되었다가 단단한 딱지를 형성한다. 부분적으로는 이런 징후들도 알아차리지 못할 수 있다. 처음부터 약한 꿀벌 무리는 눈에 띄게 저항력이 약하다. 그래서 유입된 포자의 수가 적더라도 미국 부저병이 발생할 수 있다.

일 년에 한 번 자발적으로 봉아권 주변의 먹이 표본을 채취하여 예방을 위한 검사를 진행한다.

부저병에 대한 의심만 있어도 동물 보호 및 관리 관청에 신고해야 한다.*
여러분의 꿀벌이 부저병에 걸린 양봉장 근처에 있다면 봉아권 주변의 먹이를
검사하여 전염 여부를 확인할 수 있다. 많은 양봉 협회에서는 매년 봉아권 주변
의 먹이 표본 검사를 준비한다. 그렇지 않으면 여러분이 직접 표본을 채취하여
연구소로 보내는 방법도 있다. 자세한 방법이 궁금하면 꿀벌 건강 대표자나 꿀
벌 연구소에 문의하면 된다.

봉아권 주변에 비축된 먹이 표본 검사

1. 봉아권을 에워싸고 있는 주변에 먹이가 비축되어 있는 벌집을 꺼낸다. 큰
   숟가락으로 벌집기초에 닿을 때까지 깊숙하게 긁어 꿀(겨울 먹이)을 두
   숟가락 가득 퍼낸다.
2. 빈 꿀병 안에 미리 넣어둔 비닐팩에 꿀을 담는다. 같은 숟가락으로 여섯에
   서 열 무리의 벌집에서 먹이 표본을 채취해 비닐팩에 담는다(일괄 표본).
   다른 벌통에서 나온 표본은 다른 비닐팩에 담는다.
3. 비닐을 밀봉한 뒤 이름과 벌통, 꿀벌 무리 번호를 적은 스티커를 붙인다.
   표본을 연구소로 보낸다.

검사 결과 포자가 전혀 없거나 포자 유입량의 많고 적음이 드러난다. 포자
가 유입된 경우라면 동물 보호 및 관리 관청과 양봉 협회의 꿀벌 건강 담당자에
게 즉시 알려야 한다. 포자의 출처와 유입 경로를 밝히고, 최대한 효과적이면서
도 꿀벌들에게 친화적인 방법으로 꿀벌을 퇴치해야 하기 때문이다. 최악의 경
우 전염병 퇴치 방법까지 찾아야할 수도 있다. 포자의 수가 적으면 신속하게 벌

---

* 우리나라에서는 농림식품기술기획평가원이나 질병관리본부의 양봉 담당관에게 신고한다.

집을 교체해야 하고, 많다면 먹이 공급을 중단하고 인공 분봉을 시행한 뒤 양봉 장비들을 소독하고 병든 꿀벌들을 폐사시켜야 한다. 관할 관청이 그 방법을 결정하고, 전염병이 발생했을 때는 통제 구역을 설정하고 필요한 조치들을 지시한다. 경우에 따라서는 손해 배상금을 지급하기도 한다. 포자 유입량을 많고 적음으로 분류하는 건 공식적으로는 폐지됐는데, 어떤 경우라도 동물 보호 및 관리 관청에서 적극적으로 개입해야 하기 때문이다. 관할 관청은 포자를 전면적으로 퇴치하기 위해서 인공 분봉 처리, 장비 청소와 소독 같은 조치들을 조정한다.

독일의 법률*

- 미국 부저병은 신고 의무가 있는 동물 전염병이다. 의심스러운 징후만 보여도 관할 관청에 즉시 신고해야 한다(동물 전염병에 관한 법률).
- 미국 부저병 퇴치를 위한 조치들은 꿀벌 전염병 규정에 따른다. 의심스러운 징후를 보이는 양봉장은 차단해야 하고, 주변의 꿀벌들은 통제 구역에 편입되어야 한다.
- 양봉가는 전염병 퇴치에 협력할 의무가 있으며, 그에 반하는 행동은 관련 규정 위반으로 처벌된다.
- 빈 벌통은 밀폐하여 보관해야 한다.
- 모든 양봉가는 응애 전염병과 바로아 응애를 퇴치할 의무가 있다(꿀벌 전염병 규정).
- 꿀벌 무리에 사용한 약품은 양봉 일지에 기록하여 5년 동안 보관해야 한다. 기록해야 할 내용은 꿀벌 무리의 번호, 벌통 위치, 사용한 약품, 사용량과 사용 날짜, 다음 번 채밀 때까지의 대기 기간, 양봉가의 서명이다. 반드시 허용된 약품만 사용해야 한다(의약법).
- 약품의 잔류는 법적으로 정해진 기준치 이하여야 한다(최대 잔류 허용치 규정).
- 동물 보호 및 관리 관청은 전염병을 퇴치하기 위해서 꿀벌 건강 대표자들을 투입할 수 있다.

---

* 국내는 농림식품기술기획평가원이나 질병관리본부 양봉 담당관에게 신고해야 한다. 하지만 미국 부저병은 실제적으로 개인이 벌통을 소각하여 처리하는 경우가 대부분이다.

양봉가들이 알아두면 좋은 주소록

양봉 기관

한국

1. 한국 양봉 협회(www.korapis.or.kr)
2. 한국 양봉 농협(www.yangbongnh.com)
3. 한국 양봉 학회(www.bee.or.kr)
4. 이외에도 다음과 네이버에 카페와 밴드를 개설하여 의견을 나눈다.

독일

1. 양봉 연합
- 독일 양봉 연합회(www.deutscherimkerbund.de)
- 오스트리아 양봉 연합(www.imkerbund.at)
- 독일 스위스 및 레토로만 꿀벌 애호가 협회(www.bienen.ch)

2. 꿀벌 연구소
- 꿀벌 연구를 위한 공동 연구회(www.ag-bienenforschung.de)
- 오스트리아 건강 및 식품 안전 위탁 회사(www. ages.at)
- 스위스 농업 연구 기관 아그로스코프(www.apis.admin.ch)

참고문헌

양봉장에서의 작업

- Bentzien, Dr. Claudia: Das Imkerbuch für Kids
- Pohl, Dr. Friedrich und Jörg Knuppertz: Imkern rückenschonend und kraftsparend
- Pohl, Dr. Fredrich(Hrsg.): Bienenkiste, Korb und Einfachbeuten. Naturnah und erfolgreich imkern.
- Pohl, Dr. Friedrich: Moderne Imkerpraxis. Völkerpflege und Ablegerbildung.
- Schüler, Dennis: Die Imkersprechstunde. Rat und Tat vom Binenprofi.
- Staemmler, Gert: Imkern rund rums Jahr. Der immerwährende Arbeitskalender.

꿀벌 생산물

- Bort, Rosemarie: Honig, Pollen, Propolis. Sanfte Heilkraft aus dem Bienenstock.
- von der Ohe, Werner: Honig. Entstehung, Gewinnung, Verwertung.

꿀벌 건강

- Pohl, Dr. Friedrich: Bienenkrakheiten. Diagnose und Behandlung.
- Pohl, Dr. Friedrich: Varrose. Erkennen und erfolgreich behandeln.

꿀벌의 양식

- Pritsch, Dr. Günter: Bienenweide. 200 Trachtpflanzen erkennen und bewerten.

꿀벌 관련 잡지

- Deutsches Bienenjournal
  Bienenjournal@Bauernverlag.de
  www.bienenjournal.de
- Allgemeine Deutsche Imkerzeitung
  dlv-berlin@dlv.de
  www.dlv.de
- Imkerfreund
  www.imkerfreund.de
- Schweizerische Bienen-Zeitung
  www.bienen.ch
- Bienen aktuell(Österreich)
  www.bienenaktuell.com

찾아보기

ㄱ

가든 하우스형 벌통 56
감로 58
개미산 261
개미산 띠 263
개미산 처리 261
거위 깃털 62
겨울철 사양 179
계상 꿀벌 무리 183
골츠 벌통 71
글루코스 175
기문 응애 질병 245
꽃가루 38, 58
꽃꿀 58
꿀 29, 38
꿀 수확 196
꿀 수확 시기 195
꿀 저장실 121
꿀벌 사우나 269
꿀벌빵 34
꿀벌함 71

ㄴ

낭충봉아부패병 242

ㄷ

다인성 질병 238
단상 꿀벌 무리 183
단칸 육아실 76
당액 176
도둑벌 164, 245
독일 양봉 연합회(DIB) 215
동면기 111
두 칸 육아실 76

ㄹ

로열젤리 35, 39

ㅁ

물뿌리개 62
미국 부저병 243, 273
밀랍 39
밀랍샘 24
밀원 식물 58

ㅂ

바로아 응애 245
바로아 응애 감염증 242
바로아 응애 방제 167
박스형 벌통 71
방충복 64
백묵병 242
번데기 벌집 70
벌 치료법 43
벌독 42
벌비 62
벌집 검사 99
벌집 받침대 63
벌집 받침통 63
벌집틀 80
벌통끌 60
보툴리누스 식중독 214
봉개봉충 164
봉아 저체온증 243
봉아 핵군 94, 163
봉아권 34
부채명나방 247
분봉열 124
브레멘 벌통 71

ㅅ

사양 시럽 176
사양떡 177, 180
산란 벌집 70
상자형 벌통 74
서양꿀벌 48
설사병 245
수집벌 169
수크로스 175
스페이서 82

ㅇ

애벌레 벌집 70
양봉 모자 65
양봉 파이프 60
양봉 협회 46
양봉가 46
양봉가 보험 234
여왕벌 핵군 167
옥살산 처리 267
옥살산 흘림 처리 267
유럽 부저병 243
유모벌 35
의갈류 269

이충침 158

인공 분봉 169

일광 용랍기 220

ㅈ

자극 사양 121

작은벌집딱정벌레 247

장갑 65

저장고형 벌통 70

젖 35

젖산 처리 265

ㅊ

채밀기 204

충격 시험 195

ㅋ

카니올란 48

ㅌ

탈봉기 201

ㅍ

프럭토스 175

프로폴리스 40

ㅎ

핵군 163

핵군 벌통 164

훈연기 60

흑색증 245

기타

2×9일 방법 168

처음 만난 양봉의 세계

초판 1쇄 발행 2020년 9월 10일
초판 3쇄 발행 2023년 9월 20일

지은이 프리드리히 폴
옮긴이 이수영
감수 이충훈
펴낸이 조승식
펴낸곳 돌배나무
공급처 북스힐

등록 제2019-000003호
주소 서울시 강북구 한천로 153길 17
전화 02-994-0071
팩스 02-994-0071
블로그 blog.naver.com/booksgogo
이메일 bookshill@bookshill.com

ISBN 979-11-966240-9-5
정가 18,000원

* 이 도서는 돌배나무에서 출판된 책으로 북스힐에서 공급합니다.
* 잘못된 책은 구입하신 서점에서 교환해 드립니다.